人生不是單選題

如何跑得讓世界來不及為你貼標籤

少女凱倫教你——

夢想能被踐踏，才足以撐起強大！

少女凱倫——著

[推薦序]
看機會，不要看困境

作家、「影響力學院」創辦人／丁菱娟

　　Karen 是以前在世紀奧美工作的員工，可惜她進入公司的時候，我已經退休去嘗試我的第三人生，以致於沒有緣分跟這麼優秀的員工一起共事。不過她的人生故事，在離開公關公司之後似乎更海闊天空，走出自己獨特的一條路。

　　從她在文章中，透露了她這幾年的轉折和努力，我彷彿可以感受到一位奮力展翅、不服輸的女孩，那個我當年的樣子，探索、調整、冒險、行動，希望能在職涯中被人看見的樣子。Karen 用新世代的語言，以自己的行動力，分享她在摸索和探險的過程中，整理出經營個人品牌過程的心法和經驗，很適合仍在摸索階段找尋自我方向的年輕人，提供一種思考和借鏡的模式。

　　「每個時代有每個時代的困境，也有每個時代的機會。如果你一直看困境，困境就會來找；如果你一直找機會，機會才會找上門。」

我經常勉勵年輕人不要為現狀所困住，也不要抱怨大環境不好，反而是要去碰撞，冒險，跌倒，再爬起來，你就會明白人生需要經歷這些過程才會走向成功。

　　現在因為有社群網路的關係，年輕人可以很容易讓自己的才華、創作或是理念，從社群中被看見，只要堅持一段時間，可以找到與自己理念相同的支持者和粉絲，一起往相同的路上行走。Karen 透過社群寫作、媒體採訪、品牌公關、演講、跨界讀書會等社團，成為了一位全方位的斜槓工作者。

　　Karen 在做的，就是在實驗她想要的人生的可能性，在這條路上，她是辛苦但也是快樂的，因為她在做自己喜歡的事，而且也享受挑戰。我相信她一定會成為自己想要的樣子，過著自己想要的自主性生活。

　　人生本來就不是單選題，你可以很貪心，但是你必須瞭解自己，做好準備並專注前進，你才有機會活出你想要的樣子。祝所有在前往這條道路上的朋友，努力不懈，相信自己。

擺脫人生慣性

Dcard 創辦人暨執行長／**林裕欽**

有時候會聽到一些朋友不斷告訴自己：「這我做不到！」、「這機會不屬於我。」或許，這些話不只是從朋友口中聽到，更可能是我們心中一部分的聲音。

我經常覺得，這社會有很強的慣性，人們很容易按照社會的期待安排走，變成舞臺中的一、兩種角色，然後把自己定型住，限制自己的可能性。例如好的學生就應該讀醫科，一步一步照著劇本走。

過去的種種，成為了未來的理所當然。

然而卻有些人，能擺脫人生最初的劇情設定，上演一齣完全不同的人生故事，這令我不禁思考他們與一般人有何不同。

有一天，我看到史丹佛大學學者 Carol Dweck 教授所寫的《Mindset》（中譯《心態致勝》），心中頓時豁然開朗。

Carol Dweck 教授率先提出人類有兩種思維模式：成長型思

維模式（growth mindset）與固定型思維模式（fixed mindset）。成長型思維的人，相信人的能力能透過學習而成長；而固定型思維的人，則覺得人的能力與生俱來固定不變。

這在許多面向會有根本性上的差異，例如面對失敗，固定型思維的人會覺得自己是個「失敗的人」，垂頭喪氣，容易一蹶不振。成長型思維的人則認為自己只是「這次失敗」，還能夠從頭再來。

人生豈有一帆風順，如何面對失敗與逆境，比事事順心更為關鍵。凱倫就是我認識相當具有成長型思維的典範之一，她不斷透過學習與成長，擺脫人生慣性，不斷完成自己原先認為不可能的事，儘管偶有挫折，但依然充滿勇氣。

我從不嘲笑別人的夢想，正因為我相信每個人的可能性。

只要願意成長，凡事皆有可能。

倘若世界要為你貼上標籤，那就跑得讓它來不及貼上。

真正的斜槓不用嘩眾取寵也能充滿魅力

前阿里巴巴集團 Lazada 副總、
全臺最大互聯網社群 XChange 創辦人╱**許詮**

　　第一次和凱倫深度交流，是一個週日午後 TVBS 的專訪，我剛從印尼雅加達飛抵桃園，拎著行李便直奔到 101 大樓 83 層會面。凱倫身著灰色西裝外套，貼心的指導我如何從容面對鏡頭，整個過程專業而清晰，緩解了我首次電視採訪的緊張。爾後我也逮住機會，延攬凱倫擔任 XChange 社團法人的行銷長。

　　讀人如讀其書，隨著合作越深，越發現凱倫在新聞專業、斜槓事業的背後，是一位不斷挑戰現狀、定義屬於自己的成功，而且付諸實踐的勇敢女孩。

　　「斜槓」一詞在近年被過度渲染和濫用，許多人以斜槓之名行蜻蜓點水、半途而廢之實，然而凱倫反其道而行，在堅守媒體專業的同時，延伸訂閱制讀書會、擔任企業媒體顧問和講師，我才驚覺真正的斜槓不用譁眾取寵卻也能充滿魅力，如果褪去工作

職稱還能以專業自食其力，儼然是作為社畜你我的一道曙光。

　　本書帶你一窺凱倫自幼至今的奮鬥歷程，像是一部講述鄰家女孩的微電影，沒有驚天動地的爆破場面，只有看著她不斷勇敢踏出舒適圈，在環境和資源都不青睞的困境下，突破傳統社會給她的定義，跌破看衰她酸民的眼鏡，用雙手和熱血闖出自己的一片天。

　　隨大流，一直是華人社會最安全的處世之道，若早幾年，你大可以質問為何要像凱倫這樣反人性突破自我、為何不隨社會規則守好自己的崗位、爬格子、結婚生子而後終老。但在 2020 黑天鵝籠罩之年，流行病、山火蝗災、新冷戰、股市崩盤不一而足，外在環境愈發逼著人們改變，也愈發驗證了我們需要一本屬於勇氣和改變的書，正是此書。

「做自己」的態度

知名部落客／**艾兒莎**

　　很榮幸能夠為凱倫寫推薦序，當初認識凱倫的時候，就深深感受到她的魅力，我想是來自她內心「做自己」的態度吧！

　　我們都曾經在工作上迷惘過，朝九晚五（可能不只是晚五）領著不知道何時會突破的薪水，但我們都在關鍵的時間下定決心，努力的為自己想要的生活作出改變。

　　當然這條路絕對不輕鬆，也會經歷許多挫折和失敗，但就像書裡說的：「夢想能被踐踏，才足以撐起強大。」如果你也想讓自己過得不一樣，這本書將會給你勇氣！

透過分享形塑出個人品牌

作家、「職涯實驗室」社群創辦人／**何則文**

　　這是一本每個想要經營在本質上出色、想在斜槓上擦亮個人品牌的年輕人都應該看的好書。

　　跟凱倫認識的這幾年，我特別欣賞她的衝勁。對每件事情都全力以赴，同時又不只是憑著傻呼呼的熱情而已，而是有勇也有謀，透過各種戰略性的商業思維，讓自己一步一步成長茁壯。

　　從原本的媒體小編，在正職上不斷爬升，歷經電視臺、平面媒體記者，也當過自由工作者，最後再回到業界，成為主播。同時經營著自己的斜槓，粉絲專頁從零開始，不斷茁壯到數萬粉絲。也經營線下社群，並且發展訂閱制，最終獲得穩定的收入來源，成為個人品牌經營的典範。

　　其中最激勵人心的，是凱倫自身的故事，凱倫從來都不是含著金湯匙長大的，早年媽媽為了帶大三個孩子，也做過各種的行業，早餐店、家庭代工、照相館等等。從小凱倫就要幫忙家計，

所以可以說得上是「母胎斜槓」。

也是媽媽創業魂的傳承，讓凱倫在正職的忙碌生活中，仍然不斷的閱讀增進自己，探索出獨到的一人商業模式來變現。在這本書中，凱倫毫不保留的分享她一路走來的心法，怎樣盤點自己的技能，讓目標達成。

不論是職場如何跟主管應對，怎樣找到適應還是適合的工作，要怎樣探悉未來產業的趨勢，讓自己工作、生活平衡，這本精煉紮實的書都有全面的解答。不單純是理論解析，凱倫用自己的故事，真真實實帶出每一步走過的腳印，讓讀者可以參照找到自己的方向。

「這個世界不缺專業的人，缺的是分享者。」

不要小看自己，是凱倫給每個年輕人的建議。透過分享就能帶來價值，這個價值就能形塑出個人品牌。凱倫透過自己的故事告訴我們，不管你的起點在哪，只要用對方法，找到門路，你都能成就自己的未來。

倘若世界要為你貼上標籤，那就跑得讓它來不及貼上

　　剛出社會時，我曾經以為人生差不多就這樣了，大概再也不會前進或有什麼太大的改變，就是做同類型的工作做到退休、忙著賺錢養活自己、把貸款還一還、沒有其他選項，接著渾渾噩噩度過長長人生，就這麼結束平凡無奇的人生。

　　本來以為自己是工作狂，誰知道進了職場後，根本不是這樣，我反而對什麼事情都提不起勁，甚至對世界感到失望。起初曾悲憤到想著怎麼燒掉公司、怎麼逃離制度、怎麼不被管理，想著怎麼樣才可以被認同、怎麼樣才可以做自己想做的事情、怎麼樣可以有管理他人的能力，但是到最後，這些都只是想想罷了。

　　後來我發現，這些曾閃過的念頭、曾滯留在心裡的焦慮，最終的核心問題，都來自於別人；所有的煩惱源頭，都是來自於「我在別人眼中過得如何」、「別人制定的規章，我要怎麼適應、怎麼配合」、「別人交代我的事情，我要怎麼做好」，然而，這所有的一切，都不是我想要的。

　　當時，雖然不想妥協，卻也沒有能力去創造出自己想要的事

物，沒有掌握事情的權力、沒有察覺局面的能力，更沒有洞察現狀與趨勢的智慧，以及沉得住氣的內在。這讓我跌跌撞撞了好幾年，才終於頓悟出來，**人生不是被規劃出來的，而是自己走出來的。**

即便你被賦予了一個聽起來很響亮的頭銜，那也是別人給予你的，最重要的還是你怎麼看待自己，並在所處的環境中，平衡出自己的一套規則，並將之穩根發展，屹立不搖，別被他人牽著鼻子走，更不是只當一個乖乖牌。

某次，在我演講關於經營個人品牌的主題後，有聽眾問我：「你的家境是不是很好，才能讓你做你想做的事？」整整兩個小時關於自我探索、串接人生資源、品牌打造、聲量曝光的內容，對方似乎都不在乎，只好奇關於講者的家庭財務狀況，而不是關心花費聽演講的內容，以及關心自己如何脫離公司的保護傘，做自己喜歡的事情。

這讓我打從心裡感到訝異，也不忍這樣消極的想法持續蔓延，因此希望用我的實證例子來告訴大家，「**做自己喜歡的事情，從來就不該因為金錢或家庭背景，而放棄其他選項、屈服自己的人生**」，才有了這本書的出版。

這本書的內容囊括我的職場人生，如何在世俗中所認為不穩定、沒抗壓性的「受雇者」中，利用下班時間透過閱讀持續進修、內斂自我，並長期撰寫文章記錄觀點、經營個人社群等「斜槓人生」。從零工經濟發展至個人品牌打造，將興趣轉成系統，為自己找到更多可能，以及如何透過寫作，讓原先單篇文章價值僅 200 元至 500 元的我，短短兩年翻漲二十倍以上。

　　我目前是主流網路媒體節目組記者，製作、企劃及主持節目，能力受到肯定，協助組織優化流量、內容議題策略規劃、報導能影響全國政策的獨家新聞。除此之外，我過去曾擔任網路媒體社群編輯，也曾是跑在第一線的電視記者，工作四年多便換了六份工作。

　　在這個容易只單看正職經歷的社會裡，許多人認為我沒定性、沒有目標且挫折容忍度低，但透過成立粉專、自媒體 WordPress 經營，分享人生、職場觀察，短短半年開始接下校園演講，在這不間斷的兩年期間，成為媒體專欄作家、接下直播主持合作、互聯網社團法人品牌行銷長、企業媒體顧問等業外合作，讓自己的職涯選項不受限。在正職工作上，亦能主動創造更多機會。

然而正當這一切發展似乎越來越上軌道時，我卻在 2019 年 7 月裸辭人生的第五份工作，飛到菲律賓進修商業英文。在 30 歲以前，期盼重新定位自己。勇於為自己的選擇付出相對代價，背後的原因並不光鮮亮麗，只因無時無刻對自我不滿足，害怕被後輩超車、跟不上時代慘遭淘汰，無一不渴望讓自己變得更好。

　　在我人生至今為止，「**做自己**」就是我的價值觀與理想生活，我的生命也不停實踐這樣的理念。

　　「十年後你有什麼目標？」

　　有一回面試，企業執行長這樣問我，在我侃侃而談的一小時內，僅有這個問題讓我停下來，請他給我一點時間思考。後來我說：「我認為能做自己想做的事情，就是我的目標，無論什麼年紀、無論這件事情是什麼。」個人思維會隨著年齡與環境不斷改變，想法也會隨之變動，在快速變動時代，唯有保持彈性思考，才能不致被淘汰。事後想想，我非常感激他透過這個問題，讓我有機會反思我的人生觀；雖然最終未進入該企業服務，但卻是讓我好好面對自我能力仍有不足，啟程往國外探詢人生、自我之路的關鍵。

　　每當我分享給身邊周遭的友人，我放棄了一份過往大家會開

玩笑理想中「錢多、事少、離家近」的工作，以及暫時停下手上承接的案子、演講活動、讀書會等看來很活躍的機會，大老遠飛到菲律賓進修，留給自己一段空窗期，他們都為覺得我很勇敢、果決又乾脆，甚至需要跟我借一點勇氣。

受到鼓勵之餘，也讓我深刻明白，這世界上有那麼多人，明明想要好好做自己喜歡的事，追尋自己熱愛的事情，實踐「做自己」，卻受到社會價值觀等內、外在因素的侷限與壓抑。

我的原生家庭背景，深深影響我的思維與行為，因此在本書當中，將會透過串接我的真實人生，以及如何盤點資源，去找出屬於自己獨特的天職，盼藉由一個平凡人的故事，分享生命中每個不起眼的環節，都是資源的積累，有意識地去思考與歸納，才會讓自己明白「我是誰」與「我為何而在」。讓「做自己」這件事情的心理素質提高，不輕易受到外界影響。一個人要擁有「創造」的能耐與特質，才能夠在這個快速變化的時代，占有自己的一席之地，開關一條自己所打造出來的路！

目次

Contents

第一章

當世界向你發出戰帖，
想站穩腳步迎戰是沒有捷徑的

第二章

夢想能被踐踏，才足以撐起強大

第三章

個人品牌經營心法：
當你越渺小，就要越主動

第一章

當世界向你發出戰帖，
想站穩腳步迎戰是沒有捷徑的

\# 想活下去，你得用盡力氣嘗試各種方法，而不是向人生低頭

\# 人生沒有什麼是白費的，所有努力都會以不同形式回報給你

\# 想要讓自己變得更好，千萬不能停止學習

\# 人生難題一再出現，都是為了考驗你有沒有改變

\# 自由是彌足珍貴的，想要獲得自由，你得做好犧牲

\# 先擁有思考的時間，才有思考的能力

\# 盤點人生資源：為自己總結後往下一站出發

「是不是只有家庭背景不錯的人，才可以做自己想做的事？」

有一回當我在企業演講完後，臺下有聽眾提出這樣的疑問，我的內心其實很不解，他問這個問題的背後，到底是發生了什麼事情？

為什麼整個社會價值觀總要用「金錢」來衡量所有事情，包含你的做人處事、態度、能力、頭銜，都會因為家庭背景與財富能力而被貼上標籤，撕也撕不下來。

「如果我有錢，我也會很善良。」知名韓國電影《寄生上流》的這句話，起初我並不以為然，但過了一些日子，我也深刻明白，當一群人握有財富，別人會對他的所做所為感到認同，不論是否真心認同，且這群人做事真理是否正確，只要他「看起來」好像可以被追捧，向他靠攏好像就能擁有致富關鍵……。這些對我而言，都是很虛偽且禁不起考驗的，若你沒有自我定見，跟隨大眾潮流去認同一個人、一件事情，恐怕便是一種盲從。

身邊朋友也曾和我討論過，有很多事情，都可以用金錢「暴力破解」，東西壞了用錢買，或是找不到好工作沒關係，反正我有存款可以慢慢消耗；沒有人生目標沒關係，反正我爸媽會養

我……，像這種消極心態，長遠而言是很危險的。當然，能用錢解決的事情，都非常容易也很簡單，但是能用錢買到的東西，卻會在外人眼裡失去了拚命過的價值，你想當這樣子的人嗎？

　　舉個例子，在我身邊有家境狀況頂尖的朋友，他不像一般的富二代，只要有新一代手機就馬上更換、花大錢吃好料、頻頻炫富，也不會主動告訴他人家庭背景，是一個相當務實的人。我們認識很長一段時間，有天討論職涯時，他說：「你知道嗎？只有我很努力很努力，別人才會覺得我真的有在努力，否則別人只會認為我的成功是理所當然。」

　　雖然感覺上他是以平淡的口吻說出這些話，但我知道這些話已經藏在他心底許久，偶爾才能稍稍吐露，為了挑戰自己，他也到海外工作，當上高階主管，爾後更自己在海外創業。

　　另一位朋友雖然可以選擇待在臺灣安穩工作，好好生活，也能過得很愜意，但她不斷在不同的國家轉換工作、奮鬥，就是希望能夠靠自己的實力拚出一片天。偶爾遭受打擊想要回到臺灣，卻會自我懷疑「放棄海外的一切，是不是等於認輸？」老實說，聽到這些話的時候，我是很替這些朋友感到不捨的。

　　很多人冷語，像他們這樣的人，可以呼風喚雨，在家當公

主、王子很容易，不需要這麼認真，即使失去了自己的江山，還有家裡的江山可以依靠。但正是因為他們也和一般人一樣，想靠自己拚出成績，才需要這麼努力在世道裡掙扎。

就像星宇航空董事長張國煒也面臨同樣的嘲弄，但他回應：「我有一、兩百億，還願意拿出來做事情，也是一種勇氣好嗎？我是吃飽太閒，還要在那邊躺在地上看（檢驗）飛機，就買一臺來自己玩就好了啊！」

雖然這個例子很極端，你也會想著，有錢當然可以任性，但這些旁人不能理解的痛苦，對於不同階級的人或對這群人而言，不正是來自用金錢、家庭背景來衡量每個人的社會價值觀嗎？

我想說，**不論身處在什麼樣的環境，外界都會為你貼上一個標籤，你想要撕下來，卻得耗盡力氣努力撇清，這對任何人都不公平。**

我認為，幸運是透過人生跌跌撞撞經驗累積而來的，有沒有把挫折當成養分很重要，沒有人是天生下來就這麼幸運的，釐清什麼事情對自己有幫助，什麼對自己沒有幫助，勇敢的斷捨離，不要浪費時間，抓住機會並相信自己做的每一個決定，都會為你人生帶來重大改變，而且讓你有足夠的信心，去迎接任何未知的

挑戰。

　　我目前是一名媒體圈工作者，擔任過新聞臺文字記者、網路新聞小編及公關集團專員。媒體產業的薪水相較科技業、網路業為低，我沒有亮麗的背景，只能靠自己的下班時間以及額外的技能，賺取更多的薪水。

　　在擁有正職的期間，至少同時接下了三份額外的差事，讓自己從正職薪水不到 3 萬元開始，短短幾年就讓一篇文章價值超過原先的二十倍，且隨著時間跟經驗，持續成長當中。攤開初入社會這四年多來，我的人生大致區分成三個階段。

» 零工經濟（2015.10-2017.3）

　　2015 年是我正式工作的第一年，起初我開設網路拍賣，到韓國批發衣服回來賣。後來第一份工作離職，因為薪水減少，只得什麼案子都接，不論單價高低、案子類型，只要能夠有收入，我能賺就賺，所以包含論文數據統計、平面設計、寫文稿等等案子我都接過。因此有段時間我常常都忙到凌晨兩、三點才睡，早上七點多就得起來上班，社會上定義這樣的工作者是「零工經濟」。

圖：凱倫兩個人生時間序

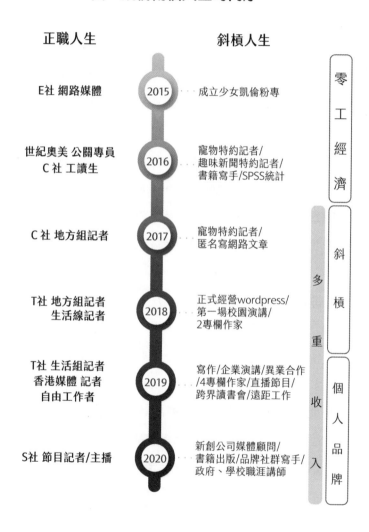

正職人生　　　　　斜槓人生

E社 網路媒體　　2015 ······ 成立少女凱倫粉專

世紀奧美 公關專員　2016 ······ 寵物特約記者/
C社 工讀生　　　　　　　　趣味新聞特約記者/
　　　　　　　　　　　　　書籍寫手/SPSS統計

C社 地方組記者　2017 ······ 寵物特約記者/
　　　　　　　　　　　　　匿名寫網路文章

T社 地方組記者　2018 ······ 正式經營wordpress/
生活線記者　　　　　　　　第一場校園演講/
　　　　　　　　　　　　　2專欄作家

T社 生活組記者　2019 ······ 寫作/企業演講/異業合作
香港媒體 記者　　　　　　　/4專欄作家/直播節目/
自由工作者　　　　　　　　跨界讀書會/遠距工作

S社 節目記者/主播　2020 ······ 新創公司媒體顧問/
　　　　　　　　　　　　　書籍出版/品牌社群寫手/
　　　　　　　　　　　　　政府、學校職涯講師

多重收入

零工經濟

斜槓

個人品牌

那時候很多人問我，為什麼下班要這麼累，但又同時常常抱怨自己錢不夠用、升遷受到阻礙，接著就怪罪長官、怪罪同事。但他們並沒有為自己做出改變，下班就是看韓劇、聚餐……等等，也沒有想過要精進自己。

那時候我認為，與其坐以待斃，不如起而行替自己增加收入，沒想到就因這個想法，和那些「減分好友」畫上了分水嶺。很久以前我覺得這怎麼可能，我的薪水 2 開頭，收入再怎麼增加，都不可能到很多。但後來開始接案，一個月額外收入最多達到將近 3 萬元，跟我的正職薪水差不多，在第一份正職時，搭配額外的三份收入，瞬間成為月薪 5 開頭的小資女。

當時心裡當然高興，但壞處就是生活品質大大降低，我的正職上班時間非常長，壓力非常大，下班卻無法放鬆，還要繼續開始忙著接案的事情，幾乎天天崩潰。隔天繼續早起忙正職，真的一度覺得自己瘋了。

大概花上好幾個月的時間調整自己，真的很累很累，除了很累，沒有其他的字眼可以形容這些日子。但後來才發現，這些累都是為了未來鋪路。

» 斜槓人生（2017.3-2018.3）

零工經濟的日子約莫過了兩年，累積過後，我開始有能力挑選、判斷案子適不適合自己，何種案子能省時又能賺到更多薪水，因此我集中在文字創作、新聞稿撰寫的領域，砍掉自己手上多餘、會耗費心力的業務，同時開始有較固定的業外收入，並時常受邀到校園營隊演講，逐漸成為了他人口中的「斜槓少女」。

這時期的業外收入，包含像是書籍的影子寫手、特約記者等跟文字相關的案子，雖然單篇收入、每字價格還沒有因為我的能力而隨之成長，但是至少可以透過自我的作品磨練，讓能力越來越專精，並且從速度、品質、思維、邏輯上，開始產出自己的一套方法。

同時我也著手在匿名平臺上，撰寫自己的「菜鳥職場觀察」文章，分享個人想法。

» 個人品牌（2018.3-）

同時因為長期積累、推辭收入低廉的接案、產製自己的文字作品、架設個人網站，結合社群運營、品牌整合行銷、媒體議題設定等技能，不只受邀演講，也舉辦個人實體活動、自創個人商

業模式，直到現在出版書籍，這段期間又被稱為是「個人品牌」
時期。

　　在這段期間，我理解了個人品牌與資歷積累的重要性，因為
在 2019 這一年，我個人接下一篇文章的價碼，比起 2016 年還
要高出二十倍。以前一個月才能賺到的額外收入，現在最短花不
到一個小時就能收穫相同金額，這完全是我在學期間、出社會工
作時完全沒有想到的，也因為案件價碼提高，耗費的時間減少，
讓我有更多時間去執行自己想做的事。

» 成長轉型背後的複利思維：付出減少、收入增加

K式個人品牌階段拆解

起步期	成長期	穩定期	重置期
克服心魔 選擇適合自己方式 找到自己	觀點、風格養成 行銷宣傳 找到人生夥伴 成為他人的連結	WVP定位 商模串接	迭代

註：每個人的起點不同，也有可能直接從成長期開始；
重置期循環的起點也不同，可能從穩定期開始重置。

總結一下，如果稍微比較這三個階段，你會發現在起步期（零工經濟）的時候，我承接的單篇個案收入少、業務多，需要花費的時間也較多，因此我花費了一年半左右，才轉型到成長階段（斜槓）。

　　但在階段轉型之前，很多人會面臨到的困難便是「做這些有什麼意義？」、「不要浪費時間」等自我或外界的懷疑，這時如果你不清楚自己到底在追求什麼，可能會很容易就放棄，而失去了轉型的機會。

　　進入到成長期後，接下來就會是穩定期（個人品牌）。在這轉型期間，我只花了十二個月，比起先前，時間縮短六個月，收入也倍速成長。有趣的是，這個時期付出在額外收入的心力也變少，身心靈也因為有掌握人生的權力而開始平衡，不再汲汲營營、小雞肚腸，這豈不是就像複利效應一般嗎？只是你投資的不是股票，而是你自己。

　　很多人想知道，「要走到經營個人品牌的階段，有沒有快速的道路？」我不想賣你美夢泡泡，鼓吹大家往前衝，有著一頭熱卻跑不久，因為我比你更想知道如何搭對火箭，一飛衝天，讓努力變得很簡單。

K式個人品牌階段拆解

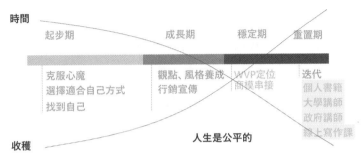

圖：花時間投資自己也能產生複利效應

　　可惜，你得明白，**若當你被世界挑戰，還想站穩腳步獲得掌聲，其實完全沒有捷徑。**但幸運的是，走過的路永遠不會白費，你能做的就是不辜負自己的信念，找出熱情、用心用力去面對每一件事情，也許過於嚴肅，**但世界會還給你，你所值得的一切。**

　　人生沒有後悔藥，你要為自己的選擇付出代價，即便得先投入一大筆學費，而且看不見回收期，但你還是得堅持到底，因為當你熬過這一切，才有能夠說嘴的實力，而不是當你被世界挑戰就慘遭淘汰。大部分的人都還在努力，已經被定義為成功努力的人甚至更努力，我也還在努力前進，所以，你，並不孤單。

　　攤開我的學歷，並不光鮮亮麗，我從私立大學夜間部畢業，

沒有讀什麼書，也不太會考試，幸運以備取最後一名推甄錄取了國立大學研究所，都是讀傳播相關科系，沒有其他高超的技能。

　　很多人想知道，我是如何從最最普通的那種人，到現在可以擁有選擇的能力，其實在人生的每一個小小環節，都會轉換成改變性格、思維的關鍵與養分，關於人生是如何塑造每個人的，就讓我從頭說起吧！

想活下去，你得用盡力氣嘗試各種方法，
而不是向人生低頭

　　從小我媽媽就是一個人帶著我和兩個姊姊長大，也就是現在大家說的「一打三」，現在這個時代，帶小孩真的很辛苦，更別說在物資、交通、生活環境都不是那麼方便的年代了。一個 30 歲出頭的女生，帶著三個小孩在社會上打拚，得多麼堅持。

　　不過媽媽並沒有因此虧待我們，出門時總是把我們打扮得漂漂亮亮，帶我們去運動、踏青。但為了維持家計，媽媽自行創業，嘗試過不同的產業，因此從小開始，我就生活在「沒有辦法，就要自己想辦法」的環境裡。

　　媽媽原先在販售水彩筆的國際集團工作，但為了要養活我們三個姊妹，從 1990 年代就自行創業，過程中做了許多不同產業，包含早餐店、娃娃家庭手工代工等。在我幼稚園時期，媽媽承接了新北市五股一間工廠的手工代工，每天會騎摩托車載著三盤或五盤的手工零件，來回家中及工廠，做的是把電腦主機後方

的接頭公、母分類或加工，一盤裡面大約有上百個，論件計酬，做越多賺越多，有時候我也會站在摩托車前方，跟著媽媽一起到工廠拿貨。

過了一段時間，電腦代工時代來臨，需要更多人力加入組裝零件，零件數量多到家裡擺不下，因此額外租了一樓店面，當作出貨基地。小小的代工廠深藏在一道藍色的鐵捲門後方，三個房間，一間放出貨紙箱與泡棉，一間可以暫時休息，另外一間則買了書桌代替餐桌，大家可以輪流吃飯。大廳則因為代工零件數量擴大、組裝類型增加，因此周圍擺滿了各種燃油機器、發電機，每當機器運作時，黑油味和吵雜聲就會交替出現。

機器忙著，人也沒停下來。大廳中間有張大桌，鋪上綠色軟墊，每當零件進貨，媽媽便會一箱一箱的倒在大桌上，我們三個姊妹一人選定一個角落開始動工，左手拿著公接頭，右手拿著母接頭，組裝在一起之後就放回盒子內，每兩秒得產出一個。裝著裝著，有時候就好像變成互相較勁，誰挖的洞越大，就代表產能越高！

但，辛苦的是，常常好不容易花一個小時挖完了一桌的零件，想要抽空看看電視休息一下，倒零件的唰唰聲就又出現

了，因為還有下一桌的零件要組裝。畢竟是放在電腦主機後面的
USB，一部主機至少要用到六個，裝的數量很多很多，常常忙到
凌晨一、兩點才能拉下鐵門回家睡覺，隔天早上再繼續。那一年
我幼稚園，6 歲。

在長期做手工的狀態下，我們家女生的手都相當粗糙，摸
起來很粗，甚至被形容成像菜瓜布一般。如果現在只單獨看我的
手掌，根本分不出是男生還是女生，有些男生的手甚至比我還要
細緻！雖然在長大的過程中，有幾度滿羨慕一般女生又白又嫩的
手，但想想，這就是曾雙手踏實作過事的痕跡吧，**每個人的生命
裡都有著不同的軌跡，這也是為何我們如此獨特的原因。**

後期因為訂單需求量不斷增加，我們就成了「中游廠商」，
工廠周圍的家庭主婦向我們承接手工、賺賺外快。但當承接手工
的媽媽們越來越多，多到我們記不住人名了，這些媽媽們就開始
有了各自的編號，從 1 號到 50 號。每當她們取件或繳件時，我
們就會以號碼稱呼她們，就像是專屬的「行動代號」。

有些行動代號令我印象深刻，像是 20 號阿姨，住在巷子後
面的五樓，頂樓有座晒衣場，每次來拿手工時，總是會跟媽媽多
聊幾句，關心彼此的近況；28 號阿姨的老公，有一天晨跑時心

肌梗塞過世，那時候我們就知道，再也不要關心她的家裡狀況，避免觸景傷情。

另外，37 號阿姨就住在工廠對面，家中有個女兒，胖嘟嘟的樣子很可愛，去他們家裡玩的時候，總是會看到很多芭比娃娃，心裡面其實很羨慕，因為我們沒有太多的玩具。有次經過回收場看到機器人玩具，自己撿回家玩，不過最後被媽媽丟掉了，因為當時的時空環境下，認為女生玩機器人很奇怪。

我還記得這位阿姨的煩惱，就是想再拚一個男孩。努力了幾年，男孩終於出生，但手指卻有六根。37 號阿姨很焦慮的跟我們說小嬰兒要去動手術的事情，甚至坐在公園旁邊問我們，如果有同學的手長得跟其他人不一樣，我們會怎麼想？

她這句話背後的意思，當然是擔心自己的小孩長大後在學校被排擠，也許當時我意會到這句話的意思，便跟 37 號阿姨說，如果是我，我不會排擠他。雖然我年紀還小，不太會安慰人，但至少已能在心中辨別出對方溝通背後的意義。

這段日子，讓我有機會從幼稚園、小學開始就大量接觸陌生人，學著如何與陌生人對談、溝通、傾聽，學著如何分辨各種場合講出該說的話，或在什麼場合不該說的話。再加上工廠環境吵

雜、昏暗，隨時有機器聲作響，吃飯時間也會有客人上門要來領件，很多人可能會覺得不耐煩、被打擾，但對當時的我來說，已經是日常生活，從來沒有懷疑這是一種不健康也不尋常的生活。

　　這在無形中也意外培養出我的適應力與耐力，無論轉換到何種環境，遭受到何種不公平的待遇，都能夠迅速找到適合自己生存的方式，**即便得經歷過痛苦期，最後都會走出屬於自己的路。**

　　在家人共同合作一份事業的狀況下，讓家中每位成員的默契不錯，只要稍微打個暗號、使個眼神，就知道該做出什麼樣子的反應，藉以磨練出了我的觀察力及隨機反應能力。後來才明白這樣子的能力，不只適用在單一環境，更是能「**帶著走**」的能力。

　　然而到了 90 年代，政府開放臺商到大陸投資，在 1999 年至千禧年初期，大量爆發「大陸投資熱」，許多臺灣製造業為了省下人事成本，將大量生產線移至大陸。根據當年經濟部的資料，中國大陸是臺灣核准對外投資的最大接受國，共投資了 145 億美元，占總對外投資金額的 40％。從簡單的爬文數據來看，就能推測當時移轉至大陸的資金與企業，移動有多麼劇烈。

　　其中也包含了我們所承接的工廠，1999 年正式在大陸設廠，搬遷效率相當高，大約不到半年，媽媽所承接的手工代工就完全

接不到訂單，包含我們家與其他的阿姨們，都瞬間沒了工作。

即便沒有了工作，但是生活還是要過下去，那段期間，媽媽帶著我們三個小孩，嘗試過許多工作想盡辦法賺錢。比如當年最流行折疊式手機，外面加掛吊飾，或者來電閃燈的吊飾、鎖匙圈，所以我們就到臺北後火車站批貨，一個個比價錢、找販售的款式，回家後包裝並且貼標籤。

所以從小學時，我就對批貨流程略知一二，這也成就長大後我到韓國批貨做網拍，對於批貨流程並不陌生。**任何一點人生的小經驗，都會是你的積累，現在所學到的東西，總有一天會派上用場的。**

在那段期間，我印象最深刻的是，媽媽在跨年夜前帶我們批了一堆娃娃，我們用透明袋子裝著不同款式的玩偶，四個人擠著捷運，拿到淡水街頭賣。那天是 1999 年 12 月 31 日，由於沒有事先申請攤位，也沒有帶擺攤的設備，就相當簡單的把娃娃擺在淡水街頭的椅子上。

那時候淡水老街還是水泥椅，冬天坐起來特別冷，所以我們就一直站在旁邊也不敢亂動，我們叫賣了大半天，但幾個小時過去也沒有賣出去。直到晚上有跨年活動，才蹭著熱度去看一看表

演，因此我對那一天印象非常深刻，因為當天我擠進人潮裡，就
看見阿信正在唱歌，沒錯！那場演唱會的嘉賓是到現在演唱會搶
票仍非常激烈的五月天，一生一定要看一場五月天。

　　沒想到當我聽完五月天演唱後，回到攤位生意還是很差，根
本沒有人想停下來看看擺在水泥椅子上的娃娃，那天花了整整八
小時，在寒冷的天氣裡，只賣出一隻黃色的「天線寶寶」。

　　回顧起來，這些人生經歷雖然做的事情，並不如外界定義的
偉大、光鮮亮麗，但因為從小跟著做生意，磨練出了**知道前方沒
有路時就要自己開創道路的性格，當事情沒辦法推進時，就去想
出解決方法，不逃避眼前的難題，為自己創造價值**。這樣的獨立
思考與性格，一直到現在都沒有改變。

　　有的人會覺得這樣的想法太過樂觀，沒有預設風險，事先
為自己做準備。但我認為不是樂觀，而是有太多太多次，沒有選
擇，不知道該如何繼續前進的時刻，只得自己生出不同選項的經
驗。你根本沒有做準備的時間，也沒有做準備的資源，面對人生
不該當個乖乖牌、向它低頭，你得「**硬著頭皮，先做了再說**」，
並且接受改變、承擔結果。

人生沒有什麼是白費的，
所有努力都會以不同形式回報給你

　　過了一陣子，媽媽到親戚開設的連鎖照相館工作，花了幾年的時間，把技術學起來以後，找了一間一樓店面，占地 100 坪還有庭院，前面是店面，後面是拍大頭照的地方，2004 年正式開張。當年誰也沒想過，照相館十年後會式微，轉型數位化後，沒有人要洗照片，或者每次只洗個一、兩張。

　　開店初期，我正好升上國二，為了宣傳店面，先是在店內折了上千張的傳單，和姊姊大街小巷到公寓信箱塞傳單，生怯怯的到周遭每一間社區問能不能借放傳單，也到競選場合發傳單，那時大概因為我們年紀小，大家很買單，會幫忙拿傳單。

　　後來有機會出去外頭打工時，就因這樣的經歷，得以讓我快速分辨，路上哪些人是願意幫忙拿傳單的類型、眼神盯著你的人有什麼意圖，這樣的細節也許聽起來微不足道，然而卻是決定傳單多久能夠發完的關鍵，藉以提升工作效率。

　　我觀察過自己跟路上發傳單的人有何不同，我發現許多發傳單的人，他們對手上那張傳單的內容並沒有認同感，因此工作時，不分對象、沒有顧慮到對方的狀況，明明路人手上都是東西，或者正在講電話，根本挪不出手拿傳單，卻還硬是上前用同一套的 SOP，塞傳單到路人手中，以消化手上的傳單為優先。這樣的心態，反而無法將傳單發完，就好像你賣產品，卻不以受眾需求為出發點，這樣根本提升不了業績。

　　正因從學生時期就已經學會如何去做陌生商務開發以及實體宣傳，出社會以後，對於要和陌生人接觸的事情，不會感到害怕，甚至也能主動觀察出對方的需求，在執行活動規劃與辦理活動時，總能當一個好的輔助者，讓細節加乘，讓成果更加完整。

　　照相館開張以後，便開始過著放學顧店、寒暑假都顧店的「相館小妹」人生。一開始因為還是個國中生，對於喊「歡迎光臨」這件事情感到很害羞，臉也都很臭，不知道如何自己應對一個客人，遇見「奧客」更是很不客氣，要求打折、多送幾張照片的一律拒絕。到後來，漸漸能夠應付一間照相館要做的事情，比如幫客人拍照、挑照片、修照片、接單、洗照片、換相片藥水、介紹產品、相機、簡易教學……等，都能駕輕就熟。

雖然都是應對客人，但卻與小學時期和工廠媽媽的溝通有所不同，「相館小妹」不只要察言觀色，也得主動了解客人的喜好，提出相對應的服務方式。這期間因為剛好遇到更換身分證的關係，經歷過照相館很蓬勃的時期，每天至少有五十組客人來到照相館拍證件照。但也經歷過傳統手洗照片、底片沖洗的淘汰，轉換成數位沖印的歷程。

在時代的潮流下，照相館一間一間倒閉，我們大約 2010 年前後，就在 Google 地圖上申請了商家商標，因此當時有許多人用導航來店裡消費，我們的店在新北市新莊，有的人卻特地從桃園開車而來，還有人從林口開車而來，不是因為照相館真的都倒光了，而是我們掌握了數位趨勢，在對的時代做對的事情，才能跟得上速度變化莫測的現在。

顧照相館的時間長達十二年，期間也經歷了許多人生重要時刻，國中、高中、大學及研究所，直到出社會工作第一年，照相館才頂讓給其他人，長年工作的媽媽也正式退休。這幾年說長不長，說短不短，卻是陪著我們一起度過青春期最重要的時刻，**人生不能重來，但是所學到的事物、擁有的記憶，卻是無可取代。**

在真正出社會之前，我接觸過許許多多不同的職場環境跟人

事物，人與人之間的互動觀察，我很容易理解背後的意涵，更容易能放在心裡。這是好事，也是壞事，過於提早社會化的孩子，卻缺少常規的對答訓練、表達，無法將心中所想用言語好好表達出來，更因為家中創業，很多事情「我們說了算」，缺少了跟「其他部門」互動的磨練，反而讓後來剛進職場擔任「正職」的我，吃了不少苦。

因為從小就相當忙碌的關係，每當被問及出社會以後如何調配時間，我都會告訴大家，我其實就是「母胎斜槓」與「母胎多工」，因為已經長年度過這樣的生活，若要我空閒一段時間，反而會覺得不習慣。

這也是為何我會特別提及家庭背景，正是因為人生每段經歷都相當獨特，才會塑造成不一樣的個體。這樣的獨特性，也許起初辛苦、辛勞，但反而歷久彌新，能靠著自己的雙手、雙腳，拚出一片天。

想要讓自己變得更好，
千萬不能停止學習

　　除了幫助家裡的工作之外，我一樣得讀書，因此在我 25 歲以前，我從沒有感受過什麼叫寒暑假，姊姊們也是。我直到離家就讀研究所以後，才感覺到什麼叫放長假，突然多出自己的時間反而不習慣。

　　因為過去，小學四點放學，就回工廠幫忙做手工；國中六點下課、九點補完習，走路回到照相館幫忙打烊；高中也差不多，大學更是如此，寒暑假當然也是窩在照相館幫忙顧店，包含客人選圖片、寫訂單、開發票、設置季節輪調的櫥窗展示、初階修理相機等等，基本上人生行事曆就是被塞滿。

　　加上我從高中一畢業就開始打工，大學就讀夜間部，大一做餐飲業、法律事務所行政工讀生，大二才進到電視臺當工讀生。上班時間是凌晨五點到下午兩點，因為還有修輔系，上課時間提前到下午三點半到晚上十點，住家位置離公司很遠。那段日子我

每天半夜十二點睡覺，凌晨四點起床，騎一個小時的車到位於內湖的電視臺，下午兩點再騎一個小時的車回到輔大上課，周而復始，真的真的很累。

　　求學時期我是那種完全不會背書考試的學生，別人看一遍就懂，我看十遍還不懂，模擬考還考過零分。數學老師曾嘲笑我說：「如果我沒出席還會有一分，結果我竟然拿零分。」深深打擊了我對念書的自信。

　　在我高中時，指定考科還會倒扣，因此那次模擬考加深了我認為指考一定會考零分、沒有學校可讀的念頭。在這樣的盲點下，我用學測高於全國均標的成績，推甄進入輔仁大學進修部大眾傳播學系。

　　很多人看到我後來從事媒體業，做跟自己科系相關的工作，都認為我是在考大學以前就已經對自己非常有想法，或者是個有目標的人，但完完全全不是這樣，事實正好相反。

　　當年我選擇就讀自然組，結果學科成績很差，除了國文、英文是班上前三名之外，剩下的科目成績都是倒數的。高中三年忙著玩社團，早自習、午休、晚自習、週末，甚至到了高三還熱衷玩社團，沒有其他興趣，卻也不可能把啦啦隊當成一門科系，因

此在高三時，陷入了不知道大學到底要讀什麼科系的迷惘。

我記得，當時焦慮的我站在照相館內，拿著進修部簡章，反正也只有十多個科系，我一頁頁翻著，嘴裡默唸：「中文系不行、歷史系不行、會計系不行……」這些對我來說都太難了，直到翻開簡章第九個科系，「大傳可以！沒有數學又有攝影！」就這樣的簡單理由，以為開照相館很適合讀大傳系，沒有多加思考自己的未來跟人生，就直接填選志願、推甄入學了。

不過在報到的那一刻，我的心裡還是猶豫了，從學校正門走到最後面的進修部大樓大約十分鐘，我本來很期待，終於要報到、要上大學了，但過程中我的腳步卻越走越慢，因為我真的非常害怕，讀夜間部四年後，會跟日間部的學生差異很大。但又想起高中老師曾說「大學不要重考，重考研究所就好」的言論，加上我清楚知道自己已經沒有選擇了，於是走進報到教室，在座位冷靜了幾分鐘，最後還是選擇報到。面對未知的領域，一路往傳播領域發展下去。

大傳系的課程主要是以實務為主，比如廣告製作、劇本寫作、節目錄製、廣播、電視電影及新聞課程，基本上不太需要研讀書籍應考。甚至我印象中只有大一、大二零星幾堂課讀過書，

除了國文、英文、倫理學、傳播理論要考試之外，剩下的課程幾乎都是交報告。在期中、期末考週，一共有十多個報告要交，並且要製作簡報、上臺報告。

這樣的經歷，讓我起初覺得讀夜間部像是在補習學實務技能，一直感受不到有認真上課的氛圍。對我而言，不用付出太多心力，成績也能維持在前三名，根本就不會追求卓越。甚至每學期選課時，我的評估標準就是我跟這堂課老師好不好，能不能夠拿高分，管它有沒有學到東西。

看到這裡，你可能會想，天啊！這種求學生活也太混了吧，但我就是這麼混吃等死的一個人，但這個人的人生到底怎麼從一個茫然無知、對未來沒規劃，連選大學、選系都隨便選的人，走到現在？我可以很肯定的告訴你，改變我本身思維跟行為，很大的關鍵是「**環境轉變**」。

我以傳播理論當中的「認知不和諧理論（Cognitive Dissonance Theory）」[1] 舉例，這個理論是這樣的：「**當你認知到一件事情跟你本身的想法不同時，你不是改變想法就是改變行為，或者兩個一起改變。**」

---

1. 費斯汀格在 1957 年的《認知失調論》一書中提出，是動力心理學的新觀點。

因為轉換環境的緣故，我才有機會徹底釐清自己的狀況處在何種位置，與外界比較以後，才知道自己有多麼的不足。因為想要讓自己變得更好，跟上他人的腳步，所以我不停的鞭策自己，告訴自己「不能停止學習」。

在我後來的人生裡，有三次受到轉換環境因而改變眼界及目標的關鍵時刻，分別是到電視臺打工、考上國立研究所以及到韓國釜山留學半年，這些人生歷程，絕對是改變自我的轉捩點，但這並不是我在當下就感受到的，而是經過「盤點」後，才悟出的道理。

» 人生沒有意外，興趣與熱情就藏在生活中

大一、大二時，我所找的打工都是只求可以賺錢，不用花太多力氣，簡簡單單度過就好。跟我選課的想法一樣，過得去就好，更不奢求高薪水，覺得月領 26K 已經是能力極限，這些想法都是因為眼界太小，和現在的我根本完全是不同人。

猶記得第一份工作到餐飲店打工時，主管要我掃 A 區地板，我就把 A 區掃得乾乾淨淨，主管問我有沒有看到另一區有垃圾，我說：「有，但是你只說要掃 A 區，所以我沒撿。」主管直接

取笑我「真的是一張白紙」。

後來到法律事務所工讀，雙週只要上六個小時的班，薪水一個月才 2、3000 元，要做的事情大概就是清潔環境、接待客戶、輸入行政資料、跑法院遞狀紙，基本上學不到東西，加上時間過短，我在做了一年以後，連民事、刑事狀紙要各遞幾份都還記不起來，前輩也認為我的態度很消極，事實上我也不知道該怎麼努力，總覺得工作事項「與我無關」。

直到逼近 20 歲時，我依然對人生沒什麼想法、得過且過，大二不知道哪根筋不對，想說不如回工廠當品管，畢竟小時候有過做手工的經驗，一定很快就能上手。

重新進到工廠工作後，的確非常快就上手了，主管還在一週內就幫我增加時薪 5 元，但每天工作八小時，安安靜靜像機器人一樣的重複動作、組裝零件。儘管事情可以做好，但此時我卻深深體會到，白天的時間真的很珍貴，我不能一直做這種跟自己科系無關的工作，對長遠的人生似乎沒幫助、浪費時間。更可怕的是，如果大學四年這樣下去，出社會後我真的不知道自己該做什麼，那時我就像一個沒有夢想、沒有靈魂的軀殼。

因此，工廠的品管兼職工作我大約只做了一個月就迅速離

職，當下決定未來的打工要找與自己科系相關的工作，不論是廣告、電影、新聞或什麼都好。

後來在 PTT 的打工板（Part-time）看到電視臺徵求晨班工讀生，上班時間是凌晨五點到下午兩點，正好符合我白天能打工的時間，雖然學校與電視臺有一個小時多的車程，我還是抱著想試試的心情求職，幸運的在跟長官面試十分鐘之後就直接錄取，並且在隔天上班，當時也沒想到這成了我人生第一個轉捩點。

2010 年時的電視臺環境非常嚴謹，沒有網路即時新聞的肆虐，舉凡錯字、馬賽克、畫面閃格等，都是非常嚴重的事情，每天都會被長官當面破口大罵，一次就得挨罵半小時以上。或者把不同部門的報紙借給其他組，也會被質疑為什麼有權力決定。你以為的熱心，其實會造成別人的麻煩，這讓我感受到職場對一份工作的要求與高壓，再加上這是我第一次到千人級的公司工作，感受到的是組織規模、團隊分工與最難化解的人事糾紛。

當年還是使用「實體新聞帶」拍攝與製作新聞，新聞系統（Basis）的介面就像 PTT 一樣，黑白畫面、要用鍵盤下指令、無法用滑鼠，不像現在全面數位化，用電腦上的按鈕就能將完成的新聞影帶、文稿上傳到副控室，甚至能即時查看新聞影帶狀

況，十年前必須要真的拿到「錄影帶」才能播出新聞。

　　大學時，我的工作事項從凌晨五點到公司後，就要先從主編手上接過實體報紙，並且搭配新聞系統檢查主編需要報紙上哪一則新聞，作為晨間新聞的播報內容。將報紙上的內容打勾、標記之後，將報紙紙本送到動畫室處理掃描、後製事宜，再存到新聞帶子中。

　　另一項工作則是要刪除前一天新聞的留存檔案、抓取 AC 尼爾森的數據製作收視率報表、送紙本 Rundown 給大約 20 名的各級主管，並且監看四、五家電視新聞，記錄每分鐘各臺播報的新聞，以利長官檢討收視率。

　　這些繁瑣的事情，除了每小時監看新聞、發 Rundown 外，都要在早上八點以前完成。對我而言，這是我當時工讀過許多不同種類的工作之後，最有挑戰性的一項工作，我認為我做的所有事情，不論是幫忙打口白、監看新聞收視率，都會影響一條新聞的播出與後續監測，每一顆小螺絲都扮演了至關重要的角色。

　　「我喜歡這份工作！」進公司前兩天，我就深感有股使命感，推著自己每天凌晨四點起床上班，更大的衝擊是在午間新聞的時段，簡直就像是戰場一樣。做為工讀生，必須要負責剪輯中

午十二點的預告，其中包含八則新聞內容，每一則約 10 秒。

前面有提到，因為當時還是實體影帶，如果我們想要拿到影片素材，就必須當面跟攝影與記者要帶子，但是這段時間正好是記者們趕製新聞的時間，全公司就只有兩個一樣內容的新聞帶，所以常常必須要跟記者搶帶子傳影像。加上當時是線性剪輯，等於我輸入的影片若長達一分鐘，就得等待相同時間才能將影片輸出成功，這跟現在所使用的非線性剪輯工具是完全不同的。

再進一步解說，傳統新聞影帶的輸出時間，必須要等待 1 比 1 的剪輯時間，比如說 90 秒的新聞長度，不像現在按一個按鈕就可以輸出，必須要等一樣 90 秒的時間，帶子才會完成。因此每天中午，工讀生的任務就是拿著帶子一直在公司內奔跑，進到剪接室搶帶子，沒有時間跟別人說話，甚至還會跟別人面對面相撞。但為了趕時間，即便跌在地上，連喊痛的時間都沒有，只想著要趕快站起來，把帶子送到副控。只要是午間新聞時間，就在副控室、片庫與剪接室來回穿梭，搭配著不同記者、攝影、編輯在剪接室周遭吶喊的聲音，簡直就像是戰場一般。

這就是我第一次感受到，「新聞相當有挑戰性」、「這份工作讓我很有成就感」，即便颱風天要提早兩小時上班、晚兩小時

下班都甘之如飴，抑或是組織缺人，連續十六天上班都覺得是種
責任，但明明領的只是 110 元的時薪。

　　那段時間的生活，是凌晨五點上班、下午兩點下班，三點
開始上課到晚上十點，隔天一早四點又要起床，騎車一個小時上
班，完全是體力的考驗，精神真的非常崩潰。

　　進去一週後，對整體新聞環境不是太了解的我，發現最高層
主管上班時間正常很多，不用做一堆繁瑣的事情，大多時間都是
看報告、檢討、發號施令，我以為當高層似乎「輕鬆很多」，因
此我便「天真」產生了一個想法，想要向他們看齊，未來希望有
機會能往主管職位邁進（後來出社會發現，這個想法果然太天真
了）。

　　然而，反思自己的學經歷，不過就是一個非新聞本科系的私
校夜間部學生，這樣的學歷不好看，再加上有前輩說，在職場升
遷時，不論你的表現再好，最終選人選時，學歷還是會被當成參
考條件，更有臺內長官被要求去讀在職專班，取得碩士學歷。因
此，原先完全不知道自己要做什麼的我，受到新聞業的感召，熱
愛挑戰性與成就感，在網路上搜尋許多研究所補習班心得之後，
我就拿著現金直接走進補習班，報名為期兩年的研究所課程。

準備了整整兩年，模擬面試、準備備審資料、存錢報考十多間研究所，重榜五間學校，最後幸運的從輔仁大學夜間部推甄上了國立中正大學電訊傳播研究所。雖然是備取最後一名錄取，但是基於我真的完全不會讀書、記憶力出奇的差，努力兩年能夠從私校夜間部到國立大學研究所，對我而言，已經是奇蹟了。

　　我後來認知到一件事情，要意識到自己人生的熱情，永遠不是用想的或是慢慢用找的，反而是你要動手去做，更要逼迫自己改變環境、思維與擴大接觸的人事物，否則你永遠不會知道自己還有多大的能耐，能接下何種挑戰。

　　很多事情看似意外，但其實是冥冥中被安排好的考驗，端看你如何面對命運給你的選項，並且緊緊抓住機會。

　　為什麼我會說是冥冥中被安排好的，因為後來我打工到後期，成為最資深的工讀生，才知道主管當時選履歷時，是由現任的工讀生先挑選幾個喜歡的人選，拿到主管面前，主管盲選隨便抽一張，正好我就是被挑中的那一張，才改變我的人生。

　　如果我沒有想要做跟傳播科系相關的工作呢？

如果主管沒有挑到我的履歷呢？

如果我沒有進到電視臺，我永遠不會知道新聞、媒體、內容產出，會成為我喜歡的事物。

你所愛上的事物，和你所認知的世界，有很大的關係，當你總是只活在自己現有的世界，你便不會知道，外頭還很廣大，足以培養你另外一種觀點跟對世界的認知。

2019 年我前往菲律賓，就培養出了我新的價值觀。有一回上課在討論各國平均年齡，我恣意認為全世界人都能活到 80 歲，沒想到老師皺起眉頭說當地的飲水、飲食都不健康，他們最多只能活到 60 歲。

當下我是很震驚的，也才明白為何菲律賓人 17、18 歲便早早結婚，因為他們的生命足足短了我們 20 年，生命週期的時序也跟著提早，想做的事情也得盡快實現。他們不追求功成名就，只要能活得好好的，就已經是萬幸。

「你的出身，決定了你的未來」，在臺灣，我認為階級與家庭背景差異會讓這個世代的人很痛苦。但在菲律賓，我想得理解成「你的出生，決定了你的未來」，你出生的國家環境條件，能決定自己的壽命長短，在一個連求生存基本條件都是奢侈的時

候，還談什麼生活與人生呢？

　　以前我從未能設身處地理解這樣的觀點與想法，現在卻有了新觀點，都是跨出不同領域的關係。我想說的是，**請你花時間理解各種與你不同的人、事、物，且用第三者的角度去分析、思考下一步，驚喜或者是另一層的思考，將藏在你意想不到的地方。**

人生難題一再出現，
都是為了考驗你有沒有改變

　　2012 年，我順利考上研究所，到嘉義讀書，這是我第一次離家長期住在外面，也是第一次南下住一段時間。因為過去都是在臺北生活，原本以為自己已經很獨立了，但到了嘉義之後才知道，離家的生活竟然是如此孤獨。第一週週末，室友還沒抵達，我看著媽媽、姊姊與阿姨的車開走，竟然默默流下眼淚，才意識到真的要開始獨自生活了。

　　在這之前，我是一個出去購物都不會看價錢、也沒有採買過生活用品、自己整理垃圾的人，甚至外宿的掃具、清潔用品，都是先前在當地讀書的朋友留下來給我的，這時才知道，原來一個人住在外面，要準備這麼多東西。

　　長期在臺北生活的我，一開始很不習慣嘉義的生活，因為中正大學周遭沒有什麼店家，頂多就是校園附近的小吃，如果要像在臺北一樣逛夜市、看電影等，就得騎車到市區，車程大約半個

小時。但是第一學期我並沒有機車，等於我的生活範圍就是在學校與學校外面方圓一公里內的商店，所以每個週末只要一下課，我就會搭客運回臺北，完全不在意車程三小時有多累。

當時也不覺得三小時能做些什麼事情，一點都不覺得浪費，只覺得自己跟嘉義格格不入，甚至坐客運坐到睡覺起來睜開眼睛看著窗外景色，就能分辨自己正經過哪一個縣市。

研究生生活是相當苦悶的，對於從私立夜間部升學到國立研究所的我來說，可以說非常衝擊、挫折且缺乏自信。我的研究所同學，有些本來就是就讀國立大學的學生，有些則是私立前段的學生，每次上課我就能感受到滿滿被「洗臉」。

當時的課程是每週幾乎要翻譯一百頁以上的英文論文或期刊，並且在課堂上發言討論或是導讀。基本上我是很怕在課堂上說話的人，很怕講錯，更怕被當成焦點，再加上根本看不完那些英文論文，被問到的時候總是回答得很空泛。

相較我的同學，一個個都能隨意接話講上十到二十分鐘，不只是照著書中的想法，而是有自己對論文內容的見解，每週在這樣的課程洗禮下，我完全感受到什麼叫做實力的差別，也深深明白「這就是被我浪費的大學四年」。

　　其實，人生有很多事情會一而再、再而三、不厭其煩的來到你面前，讓你去判斷、去做決定，我這時所體驗到的那種無助感，就是我當年走在夜間部報到教室路上的猶豫──「如果四年後跟日間部的學生差異很大，怎麼辦？」相同的考驗換成不同形式，一次次出現，就是要讓你有再一次機會，選擇與當時不同的道路，親自走一回，去體會如果作出不同選擇，人生或許會往下一步前進，**只要你願意徹頭徹尾改變，就能幫助自己在更長遠的道路上，培養出能更迅速「選擇正確道路」的能力。**

　　當我意識到在學識上的程度短期內無法跟上別人時，我能做的，就是先培養起閱讀習慣，因為大學四年我真的沒有讀到什麼書，做報告、上臺發表的能力雖然是有，但我卻像是個空殼，沒有內容、沒有思考、沒有核心價值。

　　你可能認為，自己在大學的時候沒有認真上課、浪費生命、抄抄寫寫，但是相信我，你那四年在期中、期末考前用火箭速度讀的書，加起來絕對比我大學四年還要多很多，也更深奧。

　　我當時認知到，我要做的就是趕緊補足大學四年在知識上的缺失，只不過那時的我專注力相當差，連一本書、一篇文章都沒有耐心讀完。我只得從每週的百頁論文開始慢慢讀，到著手寫

自己的畢業論文時，能好好靜下心英翻中，翻譯完每一篇英文文章、做摘要，並完成橫跨兩岸的學術研究，完成小論文到上海復旦大學發表，碩士畢業論文也跨海在上海政法大學發表，是國際認證的著作，等於受到國際學術圈的肯定，這些真是始料未及。

從過去不相信自己的能力，到意識到自己的不足之處，才引發了前進的動力。如果沒有被環境挑戰，並認真面對自己的問題，我相信我至今仍會是那個沒有自主意識、缺乏認知、人云亦云的人。

很多人說，這個時代大學生滿街跑，研究所的學歷根本不重要，甚至還瞧不起研究生，認為工作靠的是實力不是學歷。我不會否認這些人的想法，因為每個人所經歷的不同，但對我而言，如果要讓我再做一次選擇，我一定還是會在當年去讀研究所。

因為讀研究所或者花時間精進自己，不論是何種方式，從來就不是為了那張文憑，不是為了得到別人的認可，而是那幾年的紮實訓練中，你的邏輯思考能力會受到框架與架構影響，越趨有條有理，進而影響你的做事方式，並在潛移默化或刻意練習下磨練，有條不紊的整理出自己的一套工作流程。

這些是出社會工作幾年後，才會慢慢顯現出差異的，或許你

很孤獨，但是請相信，願意狠下心鞭策自己，不論是什麼事情，唯有你願意把心一橫，對自己壞一點，才能夠在未來某一天迎接爆發期。

我的家導管中祥教授是這麼說的：「你是什麼樣子的人，你的論文就會長什麼樣子。」其實套用在任何事情上，便可以說，**態度將會影響成果。**

回顧讀研究所的三年半期間，我不只培養起閱讀的習慣，並學著靜下心，更控制住被新聞臺磨出的急躁性格，這些是很難很難改變的個性與本質，卻讓我在讀研究所的三年期間克服。

面對討人厭的統計分析，那堂我曾經被老師丟筆記本、不准看書找答案的課，從零基礎、對數字完全沒有概念，到後來每天從早上八點到晚上十點關在研究室跑統計，從最基礎的撰寫研究架構、設計問卷、研究理論、測試統計模型，到最後擔任學弟妹統計課程助教，這都是一點一滴努力來的。

更別說寫論文期間，真的朝八晚十，跑了一整個月的統計，打掉重來好幾次。有一天週末早上，終於所有數字都「呈現顯著」[2] 的時候，一個人在研究室感動到默默流淚，我永遠也不會

---

2. 試驗誤差可能性小於 0.05 或 0.01，達到了可以認為存在真實差異的顯著水平。

忘記那一天，那是努力過才會有的成就感與滿足感。

其實，我明明知道自己的長處在於質性的訪談研究，去面對面訪問、針對議題做深度訪談法、焦點團體訪談法，並整理受訪者文句做分析都可以，但我卻不願意走那條對自己最輕鬆的路，因為這樣才能夠有機會挑戰原先最害怕的事情，並靜下心默默克服，讓自己從失敗中成長，從挫敗中學習寶貴的經驗。

我知道很多事情，別人告訴你不要這麼做、不要為難自己，是因為他們擔心你花了太多時間與力氣，卻收穫不到原本預期的成果。但是我想告訴你，**當你願意去挑戰自己的短處，即使只是把短處變成普通技術也好，不只是實際上的成長，你勇於挑戰的精神、你拚命學習的態度，都是你在他人眼裡成功與獲得敬重的關鍵。**

你不一定要很厲害，但你一定不能放過自己，只有自己走過那條最艱辛的路，才能摘得最甜的果實。

自由是彌足珍貴的，
想要獲得自由，你得做好犧牲

　　我人生中最重要的環境轉換，便是 2014 年到韓國釜山交換半年。

　　你是不是也曾經想過到國外長期生活，但又因為各種外在因素不敢去執行？像是經費不足、沒有時間、擔心沒有收穫？在出發到韓國之前，我在申請階段就經歷了一段「到底要不要延畢？」的自我懷疑。

　　現在看起來這個煩惱很微乎其微，但對於當時碩二下、論文沒寫完又跟不上其他同學的進度、甚至大學同學都已經當主管的情況之下，這個煩惱對當時 23 歲的我來説，真的非常煎熬。

　　當時的狀態是，我不停的與別人比較，不確定自己想要的是什麼，深怕延畢就比其他人多浪費了一些時間，晚進入社會會被瞧不起，又怕融入不了環境或是找不到工作。總而言之就是各種擔心與迷惘，甚至讓我一度想要放棄申請，不想出國，不如把論

文寫一寫，趕快畢業。

　　現在回頭來看，這樣的想法完全是被臺灣教育體制的思想給箝制了，因為臺灣的教育就是灌輸整個世代，要有好的工作才有好的收入，才會有好的未來，從來沒有讓你去探索自己的興趣、安排人生的步調，好似偏離了正軌，人生就會全軍覆沒、永世不得翻身。

　　相信我，如果你還有這樣的想法，那是因為你從未體會過什麼是屬於自己的日子、什麼是掌握自己的人生、什麼是有想法、有心跳執著的活著。

　　2014 年 8 月，我在一句韓文都不會的狀況下，就前往韓國釜山留學半年，現在想起來真的膽子很大，因為去之前我完全沒有想太多，包含溝通、飲食、文化等等我都不了解，甚至連韓國最知名的「大勢樂團」Big Bang 是誰我都不知道，一度以為學校附近早餐店貼的 GD（權志龍）海報是視覺系藝人，我就是這麼莽撞又衝動之下，去了韓國生活。

　　我選擇的是韓國釜山東亞大學，週一到週五每天有四小時的韓文課程，因為完全不會韓文，所以就從初級開始。很多人誤以為是用英文教韓文，錯了，從一開始就是用韓文教韓文，先練習

發音再背誦單字。

　　這是一段非常痛苦的時期，因為你開始會念韓文的 40 音之後，還是不會知道這些方方圓圓拼湊起來的字是什麼意思。記得抵達韓國第二天去點餐，無法去當地傳統的餐廳，只能到速食店用手指著餐點圖片點餐，光是點個餐就花了十分鐘，挫折到一個人坐在餐廳裡流淚。不過同時卻也意識到，一個人在外要有多堅強，這次真的什麼事都要自己處理了，還不能跟家人說。

　　正好學校就位在機場旁邊，從宿舍門口就可以看見飛機起降，讓我有感而發的寫下了這段話：

　　這是釜山航線的啟航點，也可能是一個人夢想的啟程點，飛機降落的弧線，更在我的人生中寫下了新的篇章。從來沒有想過自己真的能在國外交換半年，可能不是人人欽羨的歐美國家或英語系國家，也不是大多數人嚮往的日本，更是某些臺灣人提到就會發怒的國家 [3]（或者他們從來不提起）。

　　啟程前，承受各種不同的質疑，還有各種不解，但其實我想

3. 2014 年正好是仁川亞運，不少臺灣民眾回憶起 2012 年楊淑君的黑襪事件——當年韓國電子護具工程師向亞運會跆拳道比賽技術代表報告，發現楊淑君電子感應片的訊號有異常反應等，因而有強烈的仇韓情緒。

説，這些我從不在乎，對我來說也不重要，因為不管你在哪裡、用什麼語言，只要做喜歡的事、想做的事，即便必須歷經重重難關、熬過各種辛苦，都會感到很值得也很充實，也是成長的一種，只是自己要不要，想不想，拋開他人的眼光，去追夢吧。

放下自我，往陌生地方走，離開舒適圈，走出自己人生的路，雖然不知道哪裡來的勇氣，能隻身一人走進一個語言不通的國家，一路上有很多的朋友支持我、相信我和鼓勵我，在這裡也遇到了很多很多朋友，雖然才過了一個星期，但我相信這即將會是一趟很豐富的人生旅程。

交換生活看似多采多姿，可以常常出去旅行，或者看起來不用煩惱功課，但在歡快的表面下，其實有很多的困境需要去面對，包含準備申請交換生時的猶豫、忐忑，不知道決定是對是錯，不知道是不是真的有收穫，不知道延畢值不值得。

順利申請上以後，非常喜悅也難以想像自己即將要出國，但出發前面對未知的旅途，又會浮現複雜情緒，就連每收一樣東西進行李箱，都是一種不安。

到了韓國，一開始因為語言不通，跟不太上課堂進度，常常

上語言課時要問隔壁比較厲害的同學，老師現在在說什麼。下課後複習課程內容，但常常記不起單字甚至搞錯文法，那時真的感到很挫折，覺得付出很多但都沒有收穫，一直很想要趕快離開。

　　所幸當時也結交了許多來自臺灣的朋友，還有一位很好的室友，大家一起學習韓文、一起出去玩。漸漸的，越來越習慣韓國的生活，交換兩個月後，配上璀璨的煙火在天空綻放，興起了想要留在韓國的念頭。

　　爾後韓文能力稍稍進步，可以自己出去旅遊、自己購物，甚至常常遇到韓國人搭話，或者去商店買東西時，都會遇到韓國人稱讚自己的韓文很好。久而久之，對於韓文能力也有許多信心，會想要學習更多，就會更主動去學習課本以外的韓文。通常都是透過韓劇或韓文歌再多加補充，因為這兩者常常會有更多口語化的用法在裡頭，當然從中也了解了韓國娛樂產業有多麼的強大。

　　從抗拒、挫折到後期主動去了解韓國文化，這是我很明顯的改變。在出國前，我幾乎不太知道韓國明星，也只看幾部比較紅的韓劇，而現在可以向其他人介紹韓國有名的娛樂公司有哪幾間，旗下藝人的情況，而我覺得最大的驚喜，就是可以不用看字幕就能了解韓劇的內容，雖然不是完全都聽得懂，但能夠感受到

自己的進步，真的很感動。

　　直到接近回臺灣的時候，腦海中浮現的想法居然是「真的要回臺灣了嗎」，一切的一切就像做夢一樣，不清楚自己到底想不想回去，但是我也非常清楚必須得回去，心情有點無奈，但離別真的無法避免，而離別也是一項大工程。

　　在韓國所結交的朋友，包含臺灣、中國大陸、越南及韓國人，也與老師的關係相當良好，一想到離別以後，下次不知何時才會再見，或者永遠都不會再見，就會不禁紅了眼眶，但是學習離別也是一個重要的過程。

　　當所有事情都套上最後的時候，都會特別用力去記住。

　　最後一次一起吃飯、最後一次一起出去玩、最後一次唱KTV、最後一次合照⋯⋯，所有的最後一次都成為了最特別。尤其當朋友說「我們一定要再見面」的時候，心裡會覺得有那麼一點不踏實和懷疑，但真心希望會再見，這樣的情緒不在當下是無法體會到的。

　　回到臺灣以後，深深覺得出國交換就像瑪利歐跳進綠色水管裡，吃了滿滿的金幣後，收穫滿滿的重回遊戲中，繼續挑戰各種關卡。只是我們面對的不是遊戲而是人生，無法重來，生活再多

難題，還是要回來面對。

　　出國擴增視野只是人生中的一小部分，但交換經驗帶來了很多不同深度的體悟，也成長許多、內斂許多，如果有機會出國一段時間，千萬要好好把握。

先擁有思考的時間，才有思考的能力

　　到韓國留學是我第一次在不長不短的人生裡感到自由，而且是心靈上的自由。第一次可以好好的讀書當個學生，第一次可以下課跟朋友去逛街、閒晃、好好追劇，第一次只要煩惱書裡的單字背不起來，不用再看著在臺灣每天被我塞滿的行事曆，記得下一個行程是什麼……

　　老實說，這些事情看在一般人眼裡，是非常正常的生活，但很多事情卻是我人生二十四年來第一次的體悟，奢侈的體悟。

　　那時我一直糾結著，「我到底是喜歡韓國，還是喜歡自由」？對我而言，這是一件很哲學的思考，因為很少人會回歸到個人核心價值觀與本質為何，但我從 24 歲開始思考這件事情，從我沒辦法給自己一個答案、深深認為我是單純喜歡韓國，但又猶豫自己可能無法在韓國階級文化那麼重的國家生存。

　　到後來幾年，多次往返韓國以後，發現自己的語言能力逐漸退化，所有景象都也隨之改變才發現，自己喜歡的不是韓國，

而是那段時間的自由。當我搞清楚心裡真正的感覺時，已經過了三、四年了，雖然時間很長，要弄懂自己很困難又迂迴，但最終我還是為自己找到了答案。

那時我才知道，當你嘗過自由的滋味，你會發現，人生沒有什麼不可能，你想笑就笑、想安靜就安靜、想一個人去咖啡廳晃整天、思考人生或者浪費人生都可以，絲毫不用在意他人眼光。

最重要的是，**你得先有思考的時間，才會有思考的能力，思考能力無關乎自我的邏輯與聰明程度，更絕對不是短期的課題。**有了思考的能力，才能夠反覆在一次次的沉靜中探索自己、了解自己。沒有瑣事打擾你、沒有財務壓力、沒有工作、沒有延畢，可以好好的安排人生。

當你嘗過自由的滋味，你知道，你要更努力更努力，才能夠配得上自由。

當你嘗過自由的滋味，你會發現，過去的人生是多麼的不像樣、多麼的渾沌、多麼的被制約卻不自知。

當你嘗過自由的滋味，你得做的，就是付出贏得自由的代價，無論那是金錢或者理想，總有一天，部分的你要將它親手埋葬，才能夠迎來下一段新的篆刻。

盤點人生資源：
為自己總結後往下一站出發

你曾經為你的人生做過總結嗎？如果沒有，你也許可以試試看，其實很多生命經驗帶給你的「後座力」強大的不可思議，然而我們從未發現，原因是我們在自我意識當中，並不認為渺小的選擇會影響未來發展，更看不起毫不起眼的細節，就匆匆度過了一段日子。

「永遠不要急著結束人生的任何一個階段，因為結束就回不去了。」

人生每一段經歷，都有著意義，即使它貌似平淡無奇、即使它挫折累累，或者它占據你大半生的快樂，都有著對你人生舉足輕重的影響。也許你不願承認，也許你不願面對，也許你只想記得你想記得的事情，但最終那些越是深刻的，越是會被記得；越

是那些想遺忘的，卻會成為你生命中的最止不住嚮往的片段。

　　回顧人生幾個階段，總是在自以為會最滿足的歷程中感到疲憊、厭倦且冗長，然而每當結束某個階段，卻又特別懷念，想回去原本的生活，這種心情很矛盾，卻時不時在生命中重新上演。這樣的「不適感」，其實背後隱藏了很多事情，我深刻的理解：

1. 過去的生活模式，即使再苦再累，也已經成為我的舒適圈，即便它真的不是那麼舒適。

2. 害怕改變，是因為對自己信心的不足。

3. 會想念過去，是因為曾經有一些時候沒有盡全力，總是想著，如果能重來一次，我一定會做得更好。

4. 當你在心裡真的放下、告別，才是真的，而不只是你離開了那個環境。

5. 為自己總結有很多方式，你可以大肆宣告、可以痛哭流涕、可以默不吭聲，但不能欺騙自己。

6. 不要害怕改變，因為你永遠有更好的選擇。

7. 不要害怕放下現在所擁有的一切，因為也許你會獲得更多驚喜。

8. 回去原本的生活是最簡單的路徑，只要你不要後悔走回頭

路，沒有人規定不可以。

9. 交友圈很重要，跟什麼樣的人一起相處，就會決定你的視野與思維是大或小、是寬或窄、是淺或深，不要隨便對待自己，不要讓膚淺害了你。

10. 學歷不是一切，「有意識」的選擇環境與交友圈才是重點。

» 盤點人生技能：挖掘屬於你天職

　　總結的方式有很多種，目的是為了讓你有時間思考，才能進行盤點。

　　首先我會留一段時間給自己，大約三小時左右，再開始進行人生盤點，將資源串接起來，便能讓自己更明白，在人生各種看似不起眼的過程裡，習得何種技能，並深深影響著自己。

　　在第一章的最後，我想跟你分享我創造的「人生技能資源盤點表」，透過三段經歷、四種技能表格，結合想做的事情與能做的事情，去串接出「未來目標」。

　　每當我將這份表格分享給聽眾或讀者時，他們總是回饋「沒想到能夠如此盤點自己」、「透過這張表我更了解我自己」、「原來熱情就藏在生命當中，但是我從來沒有去發現」、「太忙

碌，從來沒有停下來好好檢視自己，才發現平常抱怨的工作，也讓我收穫很多」……，希望這份表格可以幫助你，在前往下一站之前，好好了解自己有沒有白活。

人生技能盤點表

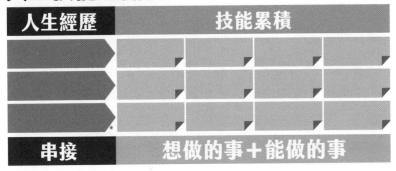

【步驟一】

　　表格左邊，請寫下你的人生經歷，如果是學生可以寫「社團」、「打工」、「求學」；如果是上班族可以寫「大學科系」、「第一份工作」、「工作空窗期」等等，這些名詞都是舉例，記得將實際的大學名稱、社團名稱寫上去，或者是擔任系學會重要幹部等等都是經歷，只要你寫下來，就可以在技能累積的格子中，想出當時究竟學到了什麼技能。

【步驟二】

　　表格右邊，請寫下「技能累積」，所謂的技能不單只是實際上的職能，它可以是「溝通能力」、「察言觀色」、「人脈積累」等心理層面的技能，也可以是「攝影」、「美工排版」、「企畫書撰寫」、「商務開發」等實際的技能，單一經歷請你寫出至少四項技能。

　　舉更實際的例子來說，曾經做過傳統產業工具機製造的人，他認為他所學到的技能就是「組裝機器」，但我跟他說，沒有這麼簡單，工具機是很精密的機械，你在組裝過程中，必須要確保螺絲有沒有拴緊，更因為零件體積小，需要按照 SOP 流程組裝。在這個過程中，其實你所累積的技能就是「細心」與「按部就班」，絕對不會只是單純的組裝機器。

【步驟三】

　　最後的串接欄，請針對以上三段經歷、四種技能的人生技能資源盤點，去思考你的「未來目標」，可以是正職工作，也可以興趣培養。

　　最後去串接出「想做的事情」以及「能做的事情」，就能夠

迅速幫你定位，下一站你可以做什麼事情，並清楚知道自己帶著
何種過往習得的技能往前進。

» 起跑線就在你跨出第一步的那一刻

如果自己填空，可能會難以相信自己串接出來的目標，可能
會實現，或者是不曉得如何填空，希望把空格寫得很正式，但其
實不用想太多，跟你分享我的版本，希望能夠幫助你。

人生技能盤點表

人生經歷	技能累積			
工廠代工 路邊賣娃娃	觀察 能力	隨機 應變	反應 機靈	高適 應力
照相館顧店	不怕面對人x客戶關係x獨立作業			
串接	與人有關＝記者			

左邊我填寫家庭背景歷程，不要認為成長過程中沒有什麼啟
發，事實上細節就藏在這裡頭，我寫的分別是從幼稚園到小學的
家庭代工、小學時期的路邊賣娃娃以及長達十二年的照相館顧店

77

人生。

　第一個經歷，家庭代工與路邊賣娃娃，因為大量接觸陌生人，因此累積出隨機應變跟觀察能力，加上工廠基本上黑黑髒髒、充滿噪音、空氣品質也不好，更讓我訓練出很大的適應力。這種適應力不單單只是對環境物理因子能夠適應，心理因子也可以急速適應，去讓自己的表現融入一個環境。這樣的能力，掌握得好是隨機應變、反應機靈，掌握不好可能會變成隨波逐流、沒有洞見。

　因為這兩種經驗我自己都曾經歷過，因此可以感受到，有時自己並不是真心認同一件事情，卻因環境因素跟各種考量，得改變自己的外在行為，出於迫不得已，但這也是一種職場或人生的生存能力。

　第二個經歷，照相館顧店，透過大量的客戶服務與顧店的獨立作業培訓，讓我訓練出了不怕面對陌生人的能力，以及細緻的觀察能力，在照相館開店時，只要稍微觀察一下客人走進來的表情跟肢體，基本上我就會知道他想要做什麼。

　舉例來說，如果客人進到店門內，不趕快走到櫃檯找店員，而是東晃晃西晃晃，有時一直摸自己的頭髮，有時又繞到店裡其

他地方逛東逛西，這種人 99％就是要拍證件照，因為他們心裡感到有點不自在，所以會特別的緊張，才會出現摸頭髮跟東張西望的行為。或者穿得特別正式、稍微打扮，這樣也很容易能夠辨別出就是要拍照。

當你把技能都列出來以後，思考一下如何與你想做的事情或未來的目標串接。我發現我自己過去的經歷，核心宗旨都「與人有關」，我當年的目標就是當上電視記者，當電視記者的確就得具備高度觀察力、反應力，也得即時隨機應變，甚至得不怕面對人群，我才發現，這些技能隱約之中成了我的助力。

善用這張表格，利用你的技能，找出你的利基點，勾勒出不一樣的人生。

第二章

夢想能被踐踏，
才足以撐起強大

\# 「你的人生應該要以公司為主，你知道嗎？」

\# 人生重新開始，其實沒有這麼可怕

\# 為了夢想，你願意放棄所有嗎？

\# 從頭開始的代價，是身心俱疲的起點，卻也苦得值得

\# 請釐清心裡那份喜歡或討厭，真正的價值觀

\# 曾經我也是與時間賽跑的「做帶機器」

\# 人脈、溝通、權力交雜的採訪人生

\# 一份工作的樣態，決定了你的生活型態

2015 年 7 月，我已經窩在嘉義中正大學整整半年，碩士論文終於剩下最後一章，只要完成口試就可以畢業。我包袱款款北上，結束了三年多的南漂生活，開始一邊完成論文、一邊投履歷找工作的日子。

　　我的目標很明確，就是想做電視臺記者，心想「都已經讀三年多的書，拿到碩士學位了，怎麼可能不錄取？」但沒想到接下來的三個月求職過程，面試了近十家電視臺，卻連一個 Offer 也沒拿到。

　　你可能會認為，一般社會大眾誤解「不需要讀書」的工作，一個碩士畢業生竟然連邊都沾不上，但與其說沒有拿到錄取，倒不如說薪水實在太低。電視臺真實狀況是這樣，不論你是學士還是碩士，畢業生起薪基本都是 2 萬 5 千元到 2 萬 8 千元，沒有人在乎你有沒有傳播系所背景或實習經驗，沒有正式工作經驗等於什麼都不是。

　　因為在前輩眼裡，你，就是一張白紙，沒有媒體思維、沒有採訪經驗、反應不機靈、搞不清楚狀況，還要花時間教你，更何況在學校所學的專業實務技能，根本幾乎用不上。

　　當時，我沒辦法接受這樣的狀況，原因出在我自認為，從大

學畢業後的三年半，我已經夠努力，讓自己從一個沒有讀什麼書的私立大學進修部狀況下，不停內化自己，也參加了許多新聞相關比賽，並擔任電視臺營隊的示範記者與講師。再加上大學在電視臺打工時，時薪 110 元，一個月的薪水也有 2 萬 6 千元，實在沒辦法接受過了幾年後，還是領一樣的薪水，那種感覺就好像是，所有努力都白費了。

　　大概碩士生剛畢業，或者是學生剛脫離學校保護傘時，都有點莫名自信、自傲吧，在我碰壁三個多月後，妥協了當電視臺記者的堅持，搭上了當年社群編輯的潮流，進到目前臺灣原生網路第一名的新聞網站擔任「小編」，當時我並沒有想到，這份工作會成為開啟我往後自媒體、個人品牌的起點。

　　從這裡你可以發現，我的求職過程相較大多畢業生離校之前不停模擬面試、找前輩幫忙修履歷、找同公司認識的人打聽一下公司氛圍，或者參加就業博覽會等等，先理解自我、了解職能，再決定自己要不要投遞履歷，這種非常基本的常識與準備，我！一！個！也！沒！做！

　　下場是什麼？下場就是在我抱持著這種自傲的心態，當然是被欺負慘了，而且因為不善溝通、不知道如何捍衛自己的立場，

只要和主管講話我就會大哭，待人處事、團隊溝通全部都是問題，原因出在我實在不懂「工作的意義」、「工作的本分」。

» 職場現實狠狠打臉：每個人都只是顆棋子

這段十一個月的工作歷程，雖然放在長期人生來看相當短，但卻給了我人生震撼彈，也是我目前碰過最難克服的職場環境。日後等我成長了一些，我認為原來不是公司的問題，而是「人的問題」，不論是我自己本身，或者是當年某幾位同事的成熟度，讓當時的我們都沒辦法公事公辦，似乎只想著如何讓對方痛苦，也因為在意彼此的情緒（負面的那種），非得要拚個你死我活，才會導致自己傷痕累累。

我的工作是社群編輯，主要職責是管理公司的粉絲專頁，並挑選編輯的文章，分享到粉絲專頁，藉以提升網站總體點閱。說簡單是很簡單，只要動動手指、複製貼上，但難就難在判斷時事重要性、維護企業形象、承受被網友點名謾罵、挖掘被埋沒在每天 500 多篇文章的「好」新聞，將之分享至社群媒體等等。只不過所謂「好」新聞的定義，就是流量高不高，高流量就是好，低流量都是差，新聞本身深度反而沒這麼重要，只求有沒有人看。

　　當時我負責輪值晚上的社群運營，上班時間是下午五點到隔天凌晨一點。剛進公司的時候，需要先在早班練習寫文章，等到標題與內容都足以成為堪用的新聞時，才能經過審核發送出去。

　　記得上班第一天，我只寫了一篇文章，雖然只有短短6、700字，但卻花了我兩個小時。更慘的是，接下來的六個小時，我不停被執行副總編叫到位置旁邊站著被「指導」標題與內容，來來回回修改許多次，不是標題不夠亮眼，就是新聞寫的順序不符合邏輯。最後從我寫稿到上線時，已經過了八小時，但點閱也只有2000到3000次，在以點閱為導向的公司裡頭，完全不能算是一篇「有用的文章」。

　　後續過了幾天，每天在被打槍與改稿的來回狀況下，不靠情色文、聳動標，我撰寫一篇臺北市更新馬路柏油、可以吸水3加侖的文章（其實是市府新聞稿），單日點閱衝破40萬，成為當天新聞網站的點閱第一名。那時候還懵懵懂懂，不知道這樣的點閱數到底高不高，也不知道文章在網站上第一名是好還是不好，卻因此受到肯定後，正式進入晚班上班的生活。

「你的人生應該要以公司為主，你知道嗎？」

進網路新聞公司的前三個月，我正好跟家人一起經營網拍，在還沒發展穩定前，就花錢與系統商簽約成立了韓國網拍網站。到後幾年接觸到新創圈，才知道這種行為相當不明智，更容易失去經營的耐心。

當時有正職工作的我，下班時間必須要調整網頁、更換網拍商品，也利用自己的假期飛去韓國批貨（媒體圈都是排班制，沒有請假，而是連續上了五週的六天班，才累積到假期）。但有天深夜，不是我部門的主管，將我找去「好好聊聊」。

「你自己的粉專不能發自己的文章，你知道嗎？」劈頭第一句，那位主管就這樣告訴我。我當時內心充滿疑惑，努力去回想是公司希望我們成立個人粉專，但我到底發了什麼文？經過一番推敲後，那位主管指的應該是一篇穿搭文。

但等等，那並不是我經營網拍的文啊！心裡這樣想，沒等到開口解釋，主管緊接著說：「上班時間不能做自己的事情，你知

道嗎？」此時我很嚴肅的告訴主管，我上班時間都是很認真的寫文章、輪值社群，完全不會做自己的事情，但他似乎沒有想要聽我解釋。

「你的人生應該要以公司為主，你知道嗎？」

主管用犀利的眼神看著我，卻又假裝沒事說出這句話（他可能真的覺得沒事）。偌大的辦公室，安靜的走廊裡，沒有其他聲音，這句話倒是在我心裡出現無限的回音。那副在我眼裡貶低人的嘴臉、不屑的神情至今過了好幾年，我仍然印象深刻。最後他還補充了一句：「如果你未來當得了老闆，我就服了你，但你現在就是應該要乖乖的以公司為主。」

也許你會覺得，不要理這位主管就好，但剛出社會的我，又特別是非常在意別人想法、超怕挨罵的個性，沒能把話當耳邊風，這句話因而深深進到我心裡。起初我就是如此脆弱、沒有能力反駁，不知道該告訴誰或相信誰，只能從隔天起安安分分、乖乖上班、乖乖下班、每天笑臉迎人，短期內都不敢更新個人粉專，就怕有一點點敏感字眼，都能被向上告狀。

後來，就忍出病了。

儘管並沒有去看過醫生，但我當時的狀況很糟糕，我很慶幸

那時候上班時間是下午五點，幸好是一個人住在外面，才有機會躲起來療傷，假裝自己過得很好。

因為每一天，當我睡到自然醒，盯著天花板時，就會不自覺的一直流眼淚，沒有辦法停止。就這樣一直躺在床上，也不想吃飯，就只是哭，哭著想為什麼上班這麼多規則，哭著想要找回那個在韓國心靈自由的我，哭著想該怎麼面對同事、怎麼樣才不會再被針對。一直哭到接近上班時間，我才會開始整理、換衣服，打起精神告訴自己，再過八小時就下班了。

那個時候我就告訴自己，絕對不能再讓別人看不起，為了不讓自己再有任何被指點的可能，也想讓自己在公司好過一些，我便把「取悅主管」當成我的目標。也許這樣的討好很微薄、看似很無用，但卻是我唯一能做的事情，我幫主管買了半年的晚餐，時間久了以後，開始知道主管喜歡什麼、不喜歡什麼，偶爾也會陪主管聊天。後來真的透過這種細微的事情，翻轉了主管對自己的印象。

也許這就是大家說的「**做人比做事重要**」吧！現在想起來是很可悲的，因為那時候的我，不知道自己是誰，深怕被討厭、深怕得罪別人，沒有自我意識，只想獲取別人的認同，聽到同事怎

麼評價自己就難過得要命，不會找解決方法，只想悶著忍過去，讓一切好轉。

但人生，並不會因為你原地踏步，就自己好轉。

還記得我想當電視記者的夢想嗎？

在網路新聞工作期間，因為是晚班工作者，整個辦公室不到15人，大家很少對話，大多時候就是默默坐在自己的位置上，不停的敲打鍵盤、撰寫文章。導致那陣子我很害怕鍵盤的聲音，於是便戴著耳機將音樂開到最大聲，沉浸在自己的世界裡。然而電視上幾乎每天都會出現熟悉的身影，我便會脫下耳機，轉開一點點電視的聲音，仔細注意，因為那是我同學。

我坐在位置上改寫新聞、推播新聞，她卻站在螢幕前、在現場採訪、表達自己的觀點，這讓我心裡很糾結，每當聽著播報的聲音、新聞最後的臺呼「XXX 報導」從螢幕裡傳出，我就會非常非常後悔，後悔當時為什麼沒有好好堅持最初的夢想，那是一種煎熬又無力的感覺。

在這樣子的狀態之下，我幾乎每天工作都是「行屍走肉」，

對現況充滿抱怨，只能羨慕別人，那時候的我出現了一種「能做的事情做不好，想做的事情做不到」的糟糕狀態。

所謂能做的事情做不好，便是小編這份工作，我一直頻頻出錯，比如一篇文章就錯了 8 個字，還被同事流傳譏笑。然而我卻不在乎，我只在乎有沒有把工作做完、公司有沒有發現我在其他地方的努力，不在乎有沒有把份內的工作做好。

這樣的心態在現在看來相當不可取，但這件事情給我的警訊是，當注意到同事或者你的夥伴開始漫不經心，也許不是他專注力不夠、工作能力欠佳，或許他只是對這份工作、這間企業很失望、失去熱情而已，如果你身為一個主管，先別急著責備，反而是要釐清為什麼一個好好的人會變成這樣。

另外，想做的事情做不到，則是我當不成電視記者，又卡在低潮狀態，不上不下，成為了負能量循環。當時出的包可真沒有少過，甚至還曾在公司公開平臺大嗆長官、出錯不認等等，現在回想起來真的相當沒有禮貌。後來我也為自己的不成熟付出了代價，而那些失控行為，都是來自於對自己的不滿意、不滿足，卻又沒有能力改變的絕望，不該怪別人。

人生重新開始，
其實沒有這麼可怕

　　在夢想的驅使及身心壓力俱疲的狀況下，我幾乎整整半年都不斷地在投履歷，不單單是電視臺，也有過人力銀行的社群經營面試、網路拍賣的行銷企劃應徵，因為我就只想找一個避風港，不論那是哪裡，至少先逃離現狀再說。

　　這樣逃避且消極的想法，對於無所適從、沒有規劃未來、想透過改變外在環境來調整自我腳步的人，是很正常的反應。但很多人會在此時此刻開始鞭打自己、怪罪自己、意志消沉，但你要清楚，很多人得過了低潮這一關，才能產生更強大的力量，所以不要覺得自己沒用，你只是在脫離舒適圈。

　　只是在一開始接觸到新環境時會體會到有所改變，但在沒有思考長遠未來路時，卻很容易疲乏，也很容易因為沒有足夠的熱情與堅定，反而會讓自己在短時間內迅速的讓無助感再次衝擊。

　　當然，處在渾沌狀況當下的人，很難跳脫到第三者的角度

釐清自己的狀態，但是謹記一點：「人生，重新開始沒有這麼可怕！」當你決定放棄一件自己所習慣的事情，要跳脫到新的領域時，你一定會懷疑這個決定是否真的能為自己帶來預期中的收穫。當然也有可能不會有收穫，甚至是賠上一切，但更多時候是你不去嘗試，就不會知道自己的能耐在哪裡。勇敢的踏出第一步，為自己的選擇承擔，才會賦予自己的人生更多意義，而非總是隨波逐流。

人生沒有什麼是不能放棄的，只有走過最糟糕的狀況，回頭來看自己如何成長、熬過苦痛，才能從挫折當中一次次的成長與成熟，千萬不要因為怯步而背叛了自己的執著。

後來第二份工作，進入了世紀奧美公關顧問公司，因而迅速離開了網路媒體的工作。你可能好奇，為什麼我這麼想當電視記者，但轉職的第一步，倒是進入了全球第一的公關集團呢？原因在大學以前，我擅長的事項比較偏向公關企劃，能夠規劃活動流程、執行大型活動，雖然的確能把事情做好，但心裡也知道，自己沒有這麼喜歡擔任公關或者處理細節事項。

　　我選擇公關產業有兩個目的，第一是想在第一份工作離職的關鍵點上，透過轉換工作，來決定自己要繼續選擇從事新聞行業，還是乾脆轉行；另一個原因則是賭上自己的人生，我想親自試驗看看，確認自己「到底多想當記者」？或者說「到底有多想實踐我的夢想」。我相信很少有人會這麼做，這根本就是拿自己的人生冒險，但也因為這段日子，我才有機會釐清自己的選擇。

　　進入公關公司第一天上班時，主管就很清楚的說明接下來會碰到什麼活動，以及需要支援的事項。人資組也有安排培訓，每週也有資深前輩來進行內部培訓。在這樣的環境下，很快能掌握客戶需求、解決問題，因為過去學生時期也有幾場大型活動籌辦的經驗，因此即便是進到業界，在活動現場支援時，也很清楚如何跟同事互補、主動協助細項，讓活動更順利。再加上外商的環境，讓人很能放心去發揮，不會有人因為你是剛進公司的菜鳥就看不起你。

　　這樣的工作自主性其實是很好的，而且也有很多學習。整體來說，我認為自己的能力其實很「適合」這份工作。

　　但我還是很想很想進電視臺工作，同時也難以接受明明知道事情的真相，卻因為得幫客戶維持形象，要發布一些不是按照自

己本意去發想的公關稿、演講稿。也許是我無法真心熱愛客戶或者這份工作，於是進公司沒多久後，躁動的心便再度開始起伏。

短短 29 天，我便向主管提出離職。商談的過程當中，他教會了我一件事情，直到現在都影響我很深且很受用的課題，那就是「工作，只有適合跟適應的問題」。

當我向主管提離職時，主管感覺上並不意外，他反問我：「你工作上有遇到什麼困難嗎？」其實沒有，我覺得自己也做得很順手。「有人說你不適合嗎？」也沒有，而且大部分的人都覺得我做得很好，只是我自己不喜歡。

他說：「工作就是這樣，有喜歡的地方，有不喜歡的地方，沒有一個工作能讓你滿意，如果你跟我談的是適合的問題，沒有人覺得你不適合；但是如果你要談的適應問題，沒有人可以幫你，你自己好好想一下。」

當時的我聽不太懂他的意思，心裡還是認為工作就是喜歡跟不喜歡，想做什麼就要去做什麼的心態，忽略了自己的能力，甚至在心裡想著「再讓我任性一次」（我後來還任性很多次），便倉促離開公司，輾轉進入了電視臺，從工讀生開始當起。

為了夢想，
你願意放棄所有嗎？

　　請你先閉上眼想想，當你 26 歲、頂著國立大學碩士畢業學歷，你是否會因為「夢想」選擇放棄一份高於新鮮人起薪、前景又不錯的正職工作；或者放棄好不容易擠進全球第一的公關集團，轉職到在年輕人心中名聲不佳的電視新聞臺擔任工讀生？

　　對，還不是正職，是工讀生。

　　我曾經在公開演講上問了底下參與者這個問題，每一個人的答案都是「不會」，尤其是「26 歲」這個年齡的檻。可想而知，年齡，在臺灣社會是多麼大的框架與包袱。

　　然而多年過去回頭想想，26 歲真的還很年輕，非常慶幸當時遵循了自己心裡的聲音，做了這個大膽的決定，如果沒有那個衝動的我，我就不會明白，**在一無所有的時候，為了某件事情努力前進，是需要多大的熱情，而這股熱情是你就算想放棄，它還是會在心底呼喊你，要你好好正視自己的聲音，不要輕易被打**

倒，如果你也有這種感覺，這件事就是你的天職。

在公關公司辦活動時，有機會拿著品牌端的麥克風，到舞臺上與記者們一起訪問，雖然我主要的工作是為了讓品牌的麥克風露出，但當我拿著麥克風站到受訪者身邊，看著攝影機圍在身邊時，我再次感受到自己有多想當電視記者的心情，才又下定決定，從公關回到電視臺，從工讀生當起。

每個人的職業歷程都不一樣，你有沒有過接觸到某個事物時，心裡有一股忍不住想放棄現在的工作、去追尋夢想的衝動呢？如果有，這件事情將會成為你所熱愛的事情；如果沒有，請你細細留意你的人生，你的熱情就藏在你的生活當中。

當時的我，已經確認了自己進公關公司的目的，第一、職能沒問題，第二、發自內心認為，沒當過記者一定會後悔一輩子，所以波折了一整年，我回到大學打工的電視臺，一樣擔任工讀生，領時薪過活。

老實說，我覺得很丟臉，那個時候根本沒辦法提起精神去上班，甚至上班的時候，祈禱不要被別人發現自己的年紀。

因為 2010 年，我就在同個電視臺、同個部門當工讀生，因為當時勞基法打工時數沒有上限，所以瘋狂加班，在時薪 110 元

的年代，月薪最高有領過 2 萬 6 千元。過了六年後，好似什麼也沒改變，長了 6 歲的我，卻做著跟自己大學做的事情一模一樣，那我為什麼當年不繼續待著？為什麼要讀三年半研究所？當同學都已經有三年工作經驗的時候，我卻才是剛出社會的菜鳥，我拿什麼跟別人比？

當你為了夢想願意放棄一切時，其實很難不承受外界眼光與對自己的質疑，你會認為沒有人需要你，也會鞭打自己，認為是自己的能力出了問題，每分每秒怪罪自己曾經活得不夠用力，或太晚發現什麼才是自己所熱愛的。

我就親身走過，這樣掉到懸崖，又自己攀繩爬起的過程，我想告訴你，只要你保持著前進與努力的態度，一切都會變好轉的，只要你願意，你需要的只是時間。

那時候的我，放棄了外商光環，還在電視臺內遇到來參觀的前主管，完全沒有臉開口自己現在只是個工讀生，只告訴他我在電視臺工作了。這樣的日子持續了三個月，每天就是打雜、協助新聞帶能夠順利播出，過著跟大學生一起排班的生活，就是這段

時間，我接下了各種不同類型的案子，只要有錢我就接，只為了養活自己。

　　後來，終於有機會熬到轉正職，從最基層的助理文字記者開始做起。再過了幾個月，有機會進到另一家媒體面試，收到錄取通知時，又只在原本的電視臺待了半年，那時我只猶豫了十分鐘，我知道更換工作環境一定會變得比較好，下定決心磨練自己，因而我選擇再次從頭開始。

從頭開始的代價，
是身心俱疲的起點，卻也苦得值得

　　從頭開始的代價，是身心俱疲的起點，進到夢想中的電視臺以後，有多次挫折到不行的經驗，不論是寫稿、過音都有挑不完的缺點，電視臺每一天都在跟時間競賽，每分每秒都非常重要。

　　有時長官也被時間逼急了，甚至會當著公司人的面說：「你知不知道你中文很差？」、「腦袋是不是有問題？」非常不客氣，讓一開始轉換環境的我，天天壓力都很大，更多的，是自卑與自責，還有滿滿的挫折與無力。

　　這樣的感覺是認為自己都出社會兩年了，為什麼無法判斷出長官要的新聞、聽不懂長官的指導？那段時間，我常常毫不掩飾的直接在辦公室大哭，懷疑自己什麼事情都做不好。甚至在起初的一段時間，又陷入不停找工作、投履歷的輪迴。

　　但我後來釐清了，**陣痛期是人生之必須，成長是很痛苦的，因為當思維與做事方式要重新排列組合時，當然會需要經歷渾沌**

期、調整期與接納期，這些都是很正常狀況，不一定是能力不足。所以當你人生正在經歷你所難以承受的煎熬時，事實上你正在不知不覺的蛻變成更好的自己，請你停止鞭打自己。

後來我大約花了半年的時間熬過陣痛期，工作逐漸上手，才知道工作時你得要保有自我意識，不是等著別人來告訴你該怎麼做，而是管理自己的工作進度、培養工作習慣。「第一時間、第一人處理」，將自己手上的事情親自完成，而不是交代別人之後，期待別人會以同樣的標準或超過高標準的方式來回報你，因為你往往只會換來失望。而再成熟一點，能接受你眼中別人的不完美、與你的不同之處，也是一種成長。

從既定的工作模式當中，去建立起自己的工作流程與方式，逐漸從陌生到認識職場夥伴，並且取得他人信任，時間久了以後，你所努力過的，才會有所回報。

後來我再換了一次職場環境，發現前公司磨練出非常獨立自主的性格與思考，以及負責任的態度，不願意跟隨他人的想法，反而讓自己創造出無可取代的價值。

熬過了陣痛期以後我才明白，「**工作只有適合跟適應**」的想法，受用一輩子。回顧我當時的狀態，整體問題的癥結點在於

「自己的想法」跟「公司的想法」和「上司的想法」不一樣，造成溝通有落差、配合度不佳，再加上自己個性比較彆扭，一被人家大聲罵，就會緊張到說不出話，久而久之，上班就變成一件很不快樂的事。或者自認每天都被找碴，甚至被認為能力不足，也越來越沒有自信去把事情做好，每天都在無限的黑暗中輪迴，每天都對自己充滿無限懷疑，身心狀況也變得很差。

這些自我懷疑，都可以歸結是知識與接觸外在環境的不足，進而造成「缺乏自信」。我相信在現在的工作場域，不論你是資深或者是菜鳥，會有一段時間陷入這樣的自我批判，其實轉個念來思考，因為每個人的個性跟做事態度大不相同，所有事情的因素，都要回歸到自己身上。

先衡量自己「做得來」與「做得好」的事情，再去評估工作內容和整體環境，而並非只是以「喜歡」、「興趣」一味地盲目追求你想像中「想要」的工作。

因為到頭來，不適合的環境、工作和產業只會壓垮身心，找到一個能好好發揮能力並且建立自信的地方，才是工作的本質。

很多事情，真的要去嘗試過，才知道自己到底會不會、做得好不好，而非只是單純用「想像」去認為自己做得到、做得來、做得好，到最後強迫自己，反而只會搞得一塌糊塗。

　　如果你不去適應環境，那就去改變環境；如果你不適合環境，那就提升自己的能力，讓自己配得上這個競爭的環境，端看你是否願意讓自己成為更好的人。

請釐清心裡那份喜歡或討厭，
真正的價值觀

　　前面我提到，在韓國的時間，我一直思考我到底喜歡的是這個國家，還是自由的滋味，其實工作也一樣，**到底是什麼驅使你，一直留下來？**

　　雖然從事媒體工作，但我是內向型工作者，且又害怕鏡頭，但是我內心卻很喜歡與人分享。這件事情其實很矛盾，在實體講座拿著麥克風分享，讓我很滿足，表現也可以相對大方，但在鏡頭前，我總是覺得相較其他同事而言，我的表現羞澀、看起來不夠堅定，因此我有好幾年時間，都在想方設法改變這件事情。

　　除了我本身熱愛新聞之外，另一方面為了要徹底提升自信、克服鏡頭障礙，我選擇當電視記者，用不得不的方式，讓自己站上第一線，即便你再害怕，也沒有理由拒絕你最恐懼的事物，沒有底線、沒有抗拒的藉口，因為你就是一名電視記者，面對鏡頭得顯露自信、注意用詞、咬字、態度，傳遞資訊。

老實說，我非常喜歡這樣的感覺，覺得自己正在為這個社會作出貢獻，但要徹底克服這件事情絕非容易，必須經過一次又一次的自我練習與實戰練習。

我認為這跟《原子習慣》這本書的道理很相似，**要改變習慣，要先改變你對身分的認同**。作者認為改變習慣之所以困難，是因為改變的東西不對，方式也不對。改變會經歷三個層次，第一是結果，第二是改變行為，第三是身分認同。

若拆解來看，可以將這三種層次分解成：

結果：收穫

過程：行為

身分認同：認知

過去我們設定目標時，以結果為導向，往內想要改變自己，但沒有做到自己所設定的目標，便歸因是自己不夠喜歡。

例如當我想改變面對鏡頭眼神會飄移的習慣，就先改變對身分的認同，這樣才不會去認為「別人是不是覺得我很奇怪」，有句話是這麼說的，"Fake it until make it." 假裝直到成功為止，換句

話說，便是擁有信仰能幫助自我提升，這也是身分認同的魅力。

　　另外，記者最重要的就是咬字，但我過去根本就是個大舌頭，講話比周杰倫唱歌還要模糊，其實就連現在，我私下講話還是會太快，讓人聽不清楚，但我是非常有意識的在作自我修正。

　　當時還沒進電視臺，我就已經會找出報紙新聞稿照著唸，但是因為沒有人指導，進步相當慢，後來在電視臺工作後，我每天下班回家，會把當天線上記者產出的新聞帶看完，挑選幾則新聞帶，跟著同事的播報聲音練習咬字、抑揚頓挫，就希望能徹頭徹尾改進。

　　所以每當我自己走在路上或者在家裡時，我會在腦袋裡模擬一個新聞情境，試想遇到突發狀況時，如何迅速反應連線，即便到現在已經不是電視記者了，我還是持續做這件事情，希望讓自己不要退步，也期許自己在工作職能上，可以越來越成熟，而不是有經歷過就好。因為我相信有一天，我所有付出的努力，都會有所回報，也會以不同形式被看見。

» 薪水與理想，你會為哪一件事情折腰

你對自己的工作專業，又有何要求呢？背後驅使你前進的動力又是什麼呢？在媒體職場轉換中，小編的起薪是比電視記者還要高的，我降薪 1 萬元轉職，都被別人罵太傻，加上光看這兩者的工作量，差異很大。

當時我執行的小編工作如同前面提到，選擇社群適合的新聞並推播在平臺上，監測數據、增加網站流量、擔任客服、維護公司形象等等。但是電視臺完全不一樣，在電視新聞部裡，基本上分成採訪中心及編輯中心，採訪中心內依採訪線路，分成不同的組別，大致包含地方組、生活組、政治組、社會組、國際組、大陸組。

新聞部採訪中心組別任務：

1. 地方組：新北市、桃園、新竹、花蓮、臺東；

2. 生活組：消費、財經、教育、醫療、體育；

3. 政治組：各政黨、市政、立法院；

4. 社會組：警政、司法、新北、臺北；

5. 國際組：除了臺灣與大陸以外的新聞；

6. 大陸組：專門報導大陸、兩岸相關新聞；

7. 南部中心：高雄、臺南、屏東等地新聞；

8. 中部中心：彰化、苗栗、雲林、臺中等地新聞。

每個組別都代表不同的主跑新聞領域，每一組都還有細分不同領域的記者，比如生活組中的教育線，就包含了小教、國民基本義務教育、高教，高教又可以細分成專科、大學、科大，這些學校的校長資料，基本上都要掌握，或者是雙北市政府教育局的消息，也都是要關注的。

因此，在新聞圈內有句話是「隔線如隔山」，我曾待過地方組（2017 年）與生活組（2018 年），對於這兩個組別的狀況較為清楚。

曾經我也是與時間賽跑的「做帶機器」

在電視臺都有一個組別是地方組，下設助理文字或者助理編輯，負責處理來自新北、桃園、新竹、花蓮及臺東等地的新聞，其他中南部的新聞，則是由中部中心與南部中心負責。

地方組都是新進記者得待的組別，有過一些電視新聞經驗，或者完全沒經驗的記者，都會在地方組磨練一段時間，才能夠轉組出門採訪。地方組的訓練相當紮實，基本的新聞過音、寫稿、下標、將影片轉檔進入電視臺專業系統內⋯⋯，這些事情都與在外採訪的記者相同，但地方組記者因為經驗較少，容易在判斷新聞走向時與上層有誤差，因此留在電視臺內培訓，受到認可後，才有機會採訪。

而地方文字記者每天要做的工作，便是承接來自五個縣市的新聞影帶，跟駐地攝影記者溝通了解案情與新聞發展，並在短時間內寫稿、過音完成新聞。

為了要充足的訓練一個新進員工了解電視臺第一線的運作，

因此工作事項非常繁複，然而媒體業並沒有 SOP，不會有人一字一句手把手教你如何寫稿，正式報到前，得先找時間到公司熟悉專用系統、了解組織運作。進入公司報到完成之後，就是要自己機靈跟著前輩們學習，因為每天都有不同的突發狀況，外界可能是以天、以週為單位進行，然而在電視臺的單位，則是以「秒」來計算，在奔忙的日子裡，根本無法讓你知道當下是否成長。

主管曾經說：「做媒體就是從每天的混亂當中，找出自己的做事方式，進步就是一條帶子寫一小時，到進步成五十分鐘交稿，再慢慢進步到半小時內完稿。」但是這樣的進步從來不是一蹴可幾，而是一天一天積累以後，突然有一天大躍進。

在地方組一天的生活如下：

08:30 前	到班，打電話給各駐地記者，蒐集該縣市新聞回報給主管
08:30-09:00	製作假連線（D-Live）
09:00-09:30	長官分配新聞（一人兩條新聞）
09:30-10:15	打電話給駐地攝影、追蹤新聞進度、寫文稿、利用各種方法蒐集資料、企劃新聞動畫發包給後製單位、確認 Rundown 看自己的稿子播出的時間

10:15-10:30	到剪接室找剪接組，製作第一條新聞
10:30-11:00	第二條新聞文稿完稿，到剪接室製作
11:00-11:30	在專業系統上完成受訪者口白逐字稿、頭銜、下標題
12:00	交稿、新聞帶播出
12:00-12:30	打電話給各駐地記者，蒐集該縣市下午最新的新聞回報給主管，讓主管進編採會議開會報稿
12:30-13:00	製作假連線（D-Live）
13:00-13:30	在座位吃午餐、接收突發狀況
13:30-14:00	長官分配新聞（一人兩條新聞）
14:00-15:30	打電話給駐地攝影、追蹤新聞進度、寫文稿、利用各種方法蒐集資料、企劃新聞動畫發包給後製單位
15:30-16:00	到剪接室找剪接組，製作第一條新聞
16:00-16:30	第二條新聞文稿完稿，到剪接室製作、確認 Rundown 看自己的稿子播出的時間
16:30-17:30	在專業系統上完成受訪者口白逐字稿、頭銜、下標題
17:30-18:00	交出完整稿、新聞帶播出
18:00 後	交接隔天班表、將當天重要新聞的原始帶子存檔備用

　　上述表格是最理想的工作狀態，攝影記者回傳的影片檔，來得及轉檔進入電腦內，不會因為網路的關係，或者有太多人上傳影片而卡住，一旦發生這樣的狀況，就可能會延遲到新聞製作的時間。

　　另一種更常出現的狀況，比如駐地攝影採訪新聞受限於地點遠近，回傳影片的時間較晚，在公司內部的記者來不及了解新聞影片的內容，都是有可能讓新聞延遲播出的狀況。

　　這也是為什麼地方組常常被形容成「做帶機器」，緊迫的時間，對於新聞業還不甚了解時，也得承受相當的壓力與責任。對於剛進入這行的新鮮人，無疑是高壓的工作，時常懷疑自己到底還有哪裡不夠好，但在摸索期時完全理不出頭緒，因為時間的緊迫，若是出錯，長官的口氣必定好不到哪裡，甚至可以說生活日常、家常便飯。

人脈、溝通、權力交雜的採訪人生

後來過了將近一年，我從地方組轉調到生活組，開始了出門採訪的生活。先說明何謂生活組，生活組負責的範圍很廣，像是財經（股市、理財、產業）、消費（科技、3C、超商、百貨）、交通（氣象、國道、三鐵、農委會等）、教育（義務教育、高教、體育）、醫藥（衛福部、食藥署、疾管署、藥局、醫院、診所）等等，這些都是在生活組的範疇當中。每一個記者會再細分一個路線，每個路線都有自己的專業，若是遇到重大新聞時，會互相支援。

電視記者一天行程大概是這樣：

【報稿】

08:30 前抵達公司、報稿。很多人以為，都是長官把稿子分配好，我們就不用去找新聞，但其實不是這樣的，早上的時候會貼報紙新消息，或者是早上的既定行程，記者會、抗議活動、展

覽等等的，讓長官有東西可以進去向大長官報稿，再出來決定我們早上的新聞。

【聯繫採訪對象】

09:00 稿子差不多開好，我們就聯繫採訪對象，有些是先前採訪過，所以有留下聯繫方式，或者是記者會上有聯絡人，就可以直接打過去。但如果是真的沒訪問過，電話來源通常都是跟長官、同事、同業詢問，至少在 9 點半前確定可以到哪裡訪問比較保險，當然很多時候 10 點才確認，就知道時間有多趕。

【出門採訪】

09:30 準備出門前，我們會先打電話給採訪車隊的負責人，詢問有沒有車子可以出門。很多人都會以為攝影＋文字，都是攝影在開車，但其實不是，電視臺有專屬的車隊，有司機載我們到處採訪。

在車上，文字坐在前座，一邊聯繫，一邊想新聞上的圖表、圓餅圖等等要上什麼字，要放在螢幕上的什麼位置，比如要放左邊或是右邊，再發給後製單位，請他們幫忙製作，再來就是要想

等等採訪要問什麼問題，能快快結束。

【採訪】

10:00 出門的時候，因為已經跟受訪者溝通過，也了解新聞的方向，所以抵達時，大概再對一下要問什麼問題，便可以直接受訪，過程快的話大概十分鐘能結束，若需要有畫面規劃，比如餐廳需要餐點的製作過程等等，就會需要三十分鐘以上。

很多受訪者會擔心看鏡頭很緊張，但其實看著文字記者就可以，也有很多受訪者想自己拿麥克風，但其實都是文字記者拿。

【回公司寫稿】

10:30 在回公司的路上，滿多記者在車上就會開始打字、寫稿，通常到公司前可以寫完，抵達公司後，讓長官審稿，就可以去剪接室。

【過音＋交稿】

11:00 午間新聞，每家電視臺播出的時間不一樣，但大部分都是 12:00 前就會開始，雖然大家對既定的午間新聞是 12:00 整

點，但 11:45 其實就是早上的最新新聞了，所以通常交稿時間也會提早。

　　因此，文字記者會去剪接室「過音」，就是觀眾聽到的播報聲，都是記者自己的，有些人還誤以為是主播當場念（這樣也太累），過完音之後，就請攝影開始剪接，完成新聞。

　　最後文字記者要回到電腦前，把標題、主播要念的稿頭，還有受訪者說的話，一字一句打出來，變成觀眾看到的字幕，再請長官審核，交稿，這樣就算完成中午新聞了。

【下午報稿】

　　忙碌日子只過了一半，中午還沒吃飯前，就繼續輪迴，找稿、報稿、約訪，這是半天記者生活。通常電視臺會在中午時間報稿，也有電視臺為追求品質及新聞獨特性，會在前一週就規劃好哪一天下午要做什麼新聞。比如說獨家、投訴等新聞，是可以事前聯繫受訪者的；或者是自己規劃議題，比如夏天就會規劃「冰品」、「甜點」等主題，拍攝三家有話題的新店家或新宣傳手法，就可以是一條新聞。

【出門採訪】

下午大約 13:30 開始，又跟上午一樣出門採訪，不過不一樣的是，下午時間多一個小時，因此要採訪的地方會比較多，讓整體新聞稍微豐富一些，或者現場連線（早上也會需要），工作量會比早上還要多一些，很多時候下午甚至會出發到新竹、桃園，再趕快返回臺北。

基本上，下午沒有太大意外的話，流程都跟上午相同，而大約 18:00 新聞播出後，要開始整理隔天預先知道的行程、記者會，甚至發想下一週的獨家、聯繫受訪者報給長官，讓他 19:00 可以跟大長官討論隔一天的議題規劃。

舉例來說，像是教育部長就職典禮、衛福部長參訪等事先會知道的重要行程，就得在這時候報稿，並且由長官規劃人力。更必須利用下班時間去拍攝素材、找新聞，避免開天窗。

一份工作的樣態，
決定了你的生活型態

　　但忙碌的生活裡，身心並不平衡，我體悟到一件事情，我發現，「一份工作的樣態，決定了你的生活型態」，當電視記者的兩年，我沒參加過什麼演講或課程來精進自己，我是很愛學習的人，有時報名了，但下班時間被拖延，或是累了無法提起精神去參加活動，這讓我覺得自己很空泛。

　　吃飯時間也從沒準時過，早餐永遠買了咬一口，帶著奶茶就出門，午餐通常 11:30 拿到，13:00 才有機會可以吃，而且是邊吃邊打電話，邊吃邊打稿，或者緊盯螢幕，五官打開全面接收資訊，甚至到後期，一個便當我只吃得下一、兩口。

　　更別說好好睡上一覺了，我當然可以睡很少沒問題，但是每當隔天要堵大人物的訪問時，我的夢裡就都是他，以各種方式擠到他面前，或者以各種問題讓他願意回答一句話。或是隔天碰上

早車[4]，必須凌晨就起床，這些都讓我淺眠或驚醒。在薪水與工作量、時間不對等的狀況下，你可能會問，既然都如此了，到底在堅持什麼？理想能當飯吃嗎？

但我想說的是，一份工作，或者以正在執行的某件事情，不該只看表面，不該只感受到最差的那一塊，你更該長遠來看，自己最缺乏的「元素」是什麼。

記者這份工作給我的價值觀是：勇氣、膽識、成就感與影響力，這些是花錢也買不到的人生，當每個人可以透過不同工作感受不一樣的價值，對我而言，這四個元素是我人生那段時期很缺乏的。

一、勇氣

當我在小眾媒體面對臺灣首富郭台銘參選總統，公司因為沒有特定立場，也沒有給新聞方向，純粹記錄現場發生的事情就好。當時正在黨內初選階段，高雄市長韓國瑜與他是競爭對手，但同時臺北市長柯文哲被傳言有意參選，在政治關係下，許多人認為柯文哲可能會影響選情，因此郭台銘當時在鴻海交接的記者

---

4. 新聞行程較早發生，得清晨 6 點或 7 點上班、到現場時，被稱為「早車」。

會上說：「希望柯市長可以專心市政。」

　　當天我舉手對郭台銘提問：「你是否也希望韓市長可以專心市政？」這個問題讓郭台銘笑了很久，全場也屏息等待他的回答。雖然當下很緊張，但是我認為這個問題是很多民眾都好奇的，因此舉手提問，若沒有這份工作，可能無法次次磨練出這樣的性格。

二、膽識

　　當我拿著電視臺的麥克風，知道自己得第一個提問、卡在中間位置時，不能害怕開口也必須堅定，或者跪在國際球星林書豪旁邊發問時，不能露餡自己不懂體育；或者參加王柏融入札北海道火腿隊記者會，舉手代表電視臺與 NHK 做提問，但那個背後，我是身心都在發抖，卻得站穩腳步。

　　在這事前，我能做就是請教前輩、補充網路資料，對林書豪的人生 review，把王柏融的豐功偉業當成功課記起來，才能在沒有十足把握下，依然正確完成任務。

　　或者是，在面對時任教育部長吳茂昆，因出現弊案爭議得追著他問是不是有違法，「什麼時候要下臺」，如果換做以前的

我，我大概沒有辦法如此。

三、成就感

　　每一天知道自己有所進步，去溝通協調各種單位、掌握進度、挖掘獨家新聞，從受訪者口中說出我不知道的觀點，以及以記者身分到訪任何其他職業不太有機會以一般身分去到的場合，或者是透過報導影響政策決定，甚至最單純的新聞完成之後，被大眾看見，都是成就感的來源。

四、影響力

　　當自己的新聞，對某一小群人有所幫助，或足以透過揭發弊案對他人產生影響。甚至有一回，獨家報導在紐約的陸生要「組團來臺北轉機」，當拿到外流的群組對話，讓疫情指揮中心當天下午便決定「禁止臺北轉機」。

　　不只改變政策，也似乎某種程度上，讓臺灣防疫再進一步，這些都是透過報導而產生的影響力，動輒影響個人，更能有機會觸動國家。

　　每個人的職業、工作都不相同，或許你還只是個學生，但

千萬不要輕易看輕自己，一旦你釐清你所處的狀態、行為，背後
有何意義，會帶給你什麼樣的長遠價值，你便能走得遠，也走得
快，甚至有機會在過程中，不斷對自己反思，並且快速成長。

第三章

個人品牌經營心法：
當你越渺小，就要越主動

\# 當你越了解自己，個人品牌才越有價值

\# 個人品牌起步期：戰勝心魔

\# 把挫折當成養分，創造自己的作品，而不是幫別人打工

\# 個人品牌成長期：建立自信，從來不是一步登天

\# 個人品牌穩定期：不要自嗨，走出你的小圈圈

\# 個人品牌成熟期：將自己升級成平臺，幫助他人串連

\# 個人品牌反哺重置期：活在這個世界上，不反思何以成長

\# 倘若世界要為我們貼上標籤，那就跑得讓它來不及貼上

\# 做一個能無中生有的「創造者」

\# 時間生活管理術：不要以小時切割人生

\# 動手寫「子彈筆記」，檢視＋修正逐步甩開脫序人生

\# 想要掌握時間，你必須讓生活就是興趣

在奔忙的正職工作經歷中，許多人可能很難想像，我如何在工時十二小時的狀況下，必須隨時 ON CALL 的高壓職場環境中，利用下班時間寫職場文章、參與演講、經營「個人品牌」。

　　在分享自己的個人經驗前，我想先定義我認知的「個人品牌」。我認為不論是「零工經濟」、「斜槓」或「個人品牌」這些名詞，都是被社會標籤出來的，本書雖然有很大部分提及個人品牌，但事實上，我個人並不是非常絕對認同，每個人都要朝這個方向邁進，更不想鼓吹做這件事情有多美好。

　　請你記得，當你永遠都不停止學習的做自己想做的事情，串接人生資源，用自己的雙手去賦予人生意義，而不總是期待著別人給予你的頭銜、權力、資源，這才有意義，並學著隨時停下腳步，記錄當前狀況、盤整資源，想想下一步該往哪走，並往未來邁進，這才是健康的心態。

　　我會這麼說，是因為當我出社會之後，下班時間兼了許多差，人家都說我是「零工經濟」。後來開始專注在寫文章當作接案時，別人又說我是「斜槓」青年。到現在，因為寫文章延伸而來的講座、講座延伸而來的書籍推薦、書籍推薦延伸出來的讀書會等等機會，別人就定義成「個人品牌」，好似這一切都是規劃

好的，我就是立志往這個方向。

　　但，我想說的是，我沒有這麼偉大，並非別人想像中訂好確切目標、達成時間與目標績效，我就往這個方向去。我反而比較像是：

　　走在一團迷霧當中，看到外界似乎有光照進來時，就往那個方向吹口氣，希望迷霧散去後，往前走、找到出路，但走到一半，霧氣又起，只得向左、向右拐，帶著害怕往前走。

　　後來，發現迷霧怎麼吹也吹不散時，才發現，這世界就是由一團迷霧所構成。人人都在自己的霧中探尋，有時和人擦身而過，有時與人相遇，但你總看不清他人要往哪去，也不知此刻站在你前面的是機會還是危機，也分不清站在你面前的是誰。人説「我」有「自我、假我、真我」，我想他人對待外人時也會分成「真實他、假裝他」，你永遠不會猜到，哪一個是你「想像中的他」。

　　誰能在迷霧裡找到出路？

　　我想答案是，找到你自己，你就會找到出路。

» 個人品牌與創業是道相反之路

雖然我的想法是這樣，但我仍會與你好好分享我這一路來的心得。我們先來定義一下我所認為的個人品牌。

曾經在一堂課程中，學員提出一個問題，他說：「你在這麼多場演講當中，有沒有人曾經問錯問題？」我思考了一下，其實我不認為世界上的事情那麼絕對，任何人提出的疑問，我不會解讀成是「問題」，而是雙方思維不同，因此需要透過溝通、互相了解。

那個學員問我：「創業跟個人品牌是不是一樣？」我認為這兩者是完全不一樣的，因為出發點與核心本質不同。現今世代的個人品牌，是你所熱愛的這件事情具備了三個特質：

第一、擁有專業。
第二、具備熱情。
第三、對他人產生幫助。

而在現代，專業的定義也已經更個人化與廣義。

過去我們會認為「專業」必須具備證照、執照，或者在某個

行業待超過十年以上，才會被界定成為「專業」或「專家」，導致有許多人在想要分享自己的知識時，擔心被外界挑戰、遇上酸民、怕被別人說嘴，就是因為對於自己沒有自信。

但也可以用另一種方式來解讀專業：「將你所會的知識，結合個人洞察與背景，傳達給另外一個陌生領域的人。」這意味著，你只要對某個領域或某件事情有一定的了解，你便能傳達給對該領域完全陌生的人，不一定要傳統專業人士了解到非常深度的學術知識，反而更能用淺顯易懂的方式分享給他人。

當然，大多數人都會疑惑，只是分享行業中的基礎知識，也能算專業嗎？我認為在這個時代，答案是肯定的，不要擔心跨出那一步。

舉例來說：電視記者所拿的麥克風是「指向性麥克風」，因此當記者拿著麥克風時，方向必須對準受訪者的嘴巴或發聲位置，如果方向不對，即使距離很近，收音也會很模糊甚至收不到音；但相對的，只要方向拿對了，即使對方講得非常小聲，也都照樣收得到音。

這樣的技能在媒體圈是非常非常基礎且簡單的事情，當然你如果選擇分享給同業，一定會被笑；但如果是對這個行業完全不

了解的人，這就成了一個職業的知識。所以當你要起步經營個人品牌，最簡單且最容易入手的，就是觀察自己身邊的細節，你所認為簡單的事情，在別人眼裡可能是一套專業，所以無論如何，都不要小看自己，因為：

「這個世界不缺專業的人，缺的是分享者。」

當你因為熱愛持續做這件事情，也許起初沒有人會願意花錢購買你的東西，但因為你擁有熱情，即使別人不提供你報酬，你也願意花時間繼續堅持。久了以後，就會有人注意到你的才華，便願意花錢支付你所擁有的這項才能，且收入會以倍速增長，而不是定速。在事情還沒發生以前，你可能無法想像，但只要你堅持信念，長期下來，時間會還給你，你所付出的。

但創業是關於「產、銷、人、發、財」，你有一個商品，要顧及營收、成本、管理員工、找買家讓人願意掏錢買你的東西，你才有收入，還要涉及發薪水、稅務等行政事項。當然不是說經營個人品牌就不會碰到這些問題，但是心態上是完全不同的。

創業家在切入市場時要評估風險、優勢、劣勢，並具備現金

流及永續經營能力，還要有企業願景、有目標，要領導員工改變
社會，本質上來說是相當複雜的。**然而個人品牌，驅動你的不會
是外界的期待，而是內在的動力**，因為你擁有一項專業與熱愛這
件事情，長期深耕，做出差異性，讓他人願意花錢買你的專業。
所以我認為這兩者的出發點完全不同，創業是人去找錢，個人品
牌則是錢來找你。

當你越了解自己，
個人品牌才越有價值

　　如果想讓自己的價值與才華被看見，在你正式動作之前，我想請你留意自己的人生細節。有什麼事情是你很喜歡，每天都會不經意撥時間去做，而且會讓你廢寢忘食？如果有，這件事情就有可能是你的天職，抑或者說，這件事情有成為你往後發展個人品牌的潛力。

　　如果想不到自己的人生有什麼事情是你的天職，我推薦「WPV 原則」，讓你可以去思考什麼可能會是你的天職，這個概念在我過去推薦的《突破同溫層的社群人脈學》裡頭也有，我把它稍微結合自己的想法，轉換為新的法則。

　　WPV 分別是：

　　「自己做得好的事情（專業）（Well）」

　　「熱愛的事情（Passion）」

　　「對社會他人有價值的事（Value）」

　　找到這三件事情的交集，不論它是大或是小，相信你會從中
突然發現，原來自己的人生並不乏味、是有資源的，且有機會可
以打造出屬於自己的路。

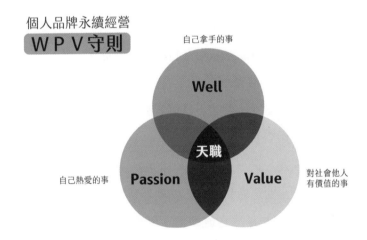

　　以我自己為例，我的正職工作就是文字記者，過去一天要
寫七篇以上的新聞文章，現在一天則可以寫到十二篇，每篇平均
700 字。我也曾接過許多不同類型的案子，像是趣味、寵物新聞
特約寫手，2016 年時也擔任影子寫手，以訪談及文字記錄方式，
協助作者出版個人專書。我不只能寫離岸風電、電動機車國產化

等深度研究文章，也能夠寫出輕鬆的生活文章。

五年下來，大約也累積三千篇以上各式各樣的文章。若以一些簡單的數字來評估效率，從下標題開始，我只要十五分鐘就能夠能完成一篇千字文，而且是用手機打字就可以完成。在職場表現上，則是到職一個半月拿下全單位第一位單週突破百萬點閱的人，因此「寫作」可以說是我專業且拿手的事情。

後來我發現，寫作除了是我工作的必需品，更能讓我透過文字整理思維，最重要的便是能抒發我的壓力。有些人要他寫文章就會很痛苦，但對我來說，寫文章是非常紓壓的事情，如果我心裡有什麼想表達、又沒人可以理解的話，我就會花時間打成文章，不打文章甚至會焦慮到不行，這就是對於寫作的「熱情」。

除此之外，我本身很喜歡學習、閱讀，雖然閱讀量未必真的很大，但是畢業之後，因為深知自己有所不足，因此我時常買書，家中約有兩、三百本書。手機則裝有不同的線上課程軟體，還有 Podcast APP，讓我通勤時間可以一邊吸收知識，甚至也透過《生鮮時書》的書籍專欄，將自己的書摘與書本應用記錄分享下來。

加上起初我經營 WordPress 時，文章主題是「菜鳥職場觀

察」，以 90 後出社會遇到挫折的角度，來記錄自己的心情。文章被多家媒體轉發，也收到許多新鮮人的回饋，更有主管私訊我，跟我說他想把這些文章推薦給新來的下屬，希望他們可以透過我的文章，調整工作的心態。陸續收到正面的回饋，對我而言，除了有成就感之外，更發現能夠透過文章幫助別人，這才是最重要的事情。

有很多人對「社會他人有價值」這件事情有所誤解，許多人對價值的第一個刻板反應就是「能夠賺錢」，我對這樣的想法很不能苟同，雖然錢的確很重要，甚至可以快速解決大部分事情，但是「價值」還能夠代表個人形象、影響力、號召力與人脈，這些事情是花錢也建立不了真實關係的。

另外也想分享，找到自己個人定位，絕對不是停在原地學習資料，學習完某個領域的知識之後，再來開始尋找。要找到自己，是從人生的點點滴滴去積累，任何事情，不要只用想像，不要只看資料，不要只聽別人怎麼說，你絕對要實際去執行、嘗試過後，才會知道自己的瓶頸在哪裡。**篩選出喜歡的與不喜歡的，最後描繪出一個輪廓以後，將精力集中在那個方向，才能夠不停向前走。**

個人品牌起步期：
戰勝心魔

「我不求廣大聲量，我認為我還是在半途上。」這是《別輸在只知道努力》作者、XChange 創辦人許詮，曾獲年薪臺幣 700 萬元，在國際集團工作的他所説出的話。這並不是謙虛，當他要發布自己的出版書籍前，也很用心的請我先行閱讀並給予建議，我認為這本書對於職場年輕人很有參考價值，很少有人如此有謀略的選擇工作。然而尚未將自己的作品出版前，許詮也一樣有著對自己的懷疑，不確定自己的見解是否太過個人，不確定是不是真的能幫助別人。

另一個例子則是我的大學好友，他在大陸工作五年，擔任部門總監，一、兩年前請我協助看一下他的文章「想要開始隨意寫寫東西」，因為這位朋友在我的人生與職場路上，關鍵時刻總是會給予我許多實質幫助，解決我的疑惑，所以在我有能力為他付出時，我也非常用心幫他把文章調整段落，希望他的文章可以被

更多人看見，但他擔心自己的方法很個人，會誤人子弟。

　　這兩位朋友，都是在職場上被認為已經有高社會地位的人，但他們在面對要發布個人觀念與文章的時候，也會產生疑惑。從他們身上你就可以知道，要突破個人心魔很難，而這樣的想法也很正常，不要擔心，你不孤單。

» 個人品牌－不做不會怎麼樣，但做了會很不一樣

　　創造個人品牌的影響力有多大？我盤點了一下自己出社會以後的「兩個人生」（見第 26 頁）。

　　然而，回首來時路，這些努力都是有回報的，幾年之後再回頭看，我再也不會接報酬過低、不符合期待的客戶，更從中越來越清楚自己的價值，並勇敢學著定價，提升自己在市場上的價值。起初我也有過自我懷疑，常常問自己定價會不會太高，但後來我發現，與其質疑自己是否沒有資格領到那份薪水，不如去開拓更大的市場，找到有能力付出期望資金的客戶，這樣服務的範圍也會增廣，而不是被自己侷限住了。

　　很多人會問我，為什麼 2020 年，我已經當過八個月的自由工作者了，還要回到職場當中，難道「自由不好嗎」？但人生不

是單選題，當過自由工作者以後，宛如讓思維重整，因為你必須要靠自己的力量，去判斷客戶是否值得合作，比如客戶的誠信、守時與禮貌，你有沒有自己的一套標準與原則，同時也讓人願意花錢買你的專業服務。更重要的是，沒有了公司的保護傘，成敗都歸之於你，因此這段日子，我發現唯有跨界走過一回，你才能知道自己的能力到哪裡，是否去除了公司的保護傘，你依然可以闖蕩得很好，不會遍體鱗傷。或者你能選擇在公司的保護傘下，借力使力，好好發揮自己的能力，同時一邊做你想做的事情。

這兩種想法，不是你選了其中之一就無法回頭，而是心態上的理解與改變。正因為這兩種心態都曾經歷過，你才會知道，原來自己是有所選擇的，在回到職場以後，你會更懂得如何用能被理解的方式，爭取自己的權益，爭取自己想要的東西，而不是像過去一樣，害怕得罪人、害怕說錯話。**因為所有的恐懼都來自於害怕失去，那麼，最重要的，還是你如何成長，提煉自己的能力，讓自己無可取代。**

把挫折當成養分，
創造自己的作品，而不是幫別人打工

　　為什麼我會開始經營自己的部落格？背後並沒有充滿勵志又正能量的故事，而是來自於挫敗。

　　在 2017 年時，我接下了影子寫手的工作，協助一名大學生出版個人書籍，也定期擔任網路新聞媒體的特約記者，這成了我走上以寫作當作額外收入的起點。

　　接著，那一年當特約記者時，工作量是一天一篇新聞文章，單篇計價，等於一個月 30 天，會有除了正職以外的 1 萬 5 千元塊收入，對於正職薪水低，又需要負擔房租、學貸、家中房貸以及保險的我來說，真的有如天降甘霖。

　　但好景不常，持續一年後，原本合作的單位因財務考量，因此要砍稿費，每天的稿量從一篇增加到兩篇，雖然一個月可以賺 1 萬 8 千元，但等於單篇價格被打了六折。原本的稿酬在業內已經是非常低廉的價格，但當時為了餬口還可以勉強接受，只不過

在長期配合、點閱穩定的情況下還說要砍稿費，真的不能接受。

原因在於，我不想讓寫手這個職業的價值被貶低，也不願意做為企業品質淪陷的人，如果企業需要的是增加稿量，而不是增加點閱，其實根本就不需要我；如果企業想要的是增加點閱，那麼稿費真的是被踐踏。

當時很感謝朋友提點我：「你要累積自己的作品了，不如不要收費，用自己的名字寫專欄，這樣不是對你長期來說比較有意義嗎？」所以我簽下了媒體專欄，開始走向經營個人品牌之路。

你要清楚知道，即便是窮，還是要有骨氣，堅持走自己的道路，可能碰到被人貶低價值的時候，你會懷疑是不是自己不夠好，不敢清楚表達想法，甚至逃避溝通，卻又躲起來自我鞭打。

像這樣的傷，雖然會痊癒，但是傷疤不會消失；反而是你正向面對，了解自己的需求，把挫折當作學習的課題，利用挫折與別人帶給你的傷害，當作再次站起來的養分與肥料，才會讓你越來越茁壯。

個人品牌成長期：
建立自信，從來不是一步登天

因為砍稿費事件讓我太生氣，就產生了「把這股不甘心記錄起來吧！」的想法。

那段時間我一直在想，要如何才能寫出自己的作品，其實靜下心思考，似乎沒有什麼題材，如果是分享生活瑣事，又太像流水帳，分享起來也沒有意義。倒是覺得「職場」的經歷，反而是我剛踏入社會時體悟最多的，於是開始寫了「職場菜鳥觀察」系列文章。

但一個剛進職場沒多久的新鮮人，想要分享個人見解，實在很難說服他人，這也是我當時對自己的懷疑，跟大多數想要發展個人品牌、以寫作來宣傳自己的人一樣，不曉得如何跨出自己的心魔。

我嘗試了幾種方式，來調整自己的心態：

第一、到匿名平臺發文。

第二、匿名發文與投稿。

你看了這兩個，似乎看不出來有什麼差異對吧，但其實這是完全不一樣的思考與策略。

一、到匿名平臺發文

光是寫出自己的內容是不夠的，平臺與傳遞方式特別重要，起初我把文章放在人力銀行的社群平臺，不過觀看的人次不多，得不到實質回饋。過不久，我便把第一篇文章發在全臺最大的匿名社群平臺 Dcard 上，Dcard 的主流族群是大學生、年輕人，和我的身分與文章受眾比較符合。也因為平臺是完全匿名性質，可選擇只露出學校，或者設定自己的暱稱，因此有人要將文章內容連結到本人，是比較困難的。

那一年，我把文章發布在「工作板」，根據我的觀察，工作板在整個平臺上屬於比較冷門的板，該板的熱門文章按愛心數大約是 60 次上下，留言約在 10 到 20 個，這樣就算是表現不錯的文章了。

　　起初我將文章放上網後，每次都能上到工作板的熱門區，後來則是從工作板直接跳上全站熱門，愛心數大約 1300、1400 次，單篇文章收藏次數破千且有討論度。許多人的留言鼓勵了我，說我的文章給了他們鼓勵與勇氣，不只是網友被我鼓勵到，我同時也因為這些正面的留言與回饋，漸漸的建立起自信，並更有動力持續產出文章。

　　實際上，堅持在一件你不知道未來會如何發展的事情上，感到無力與無助都是很正常的，但是每當想要放棄的時候，請你給自己一段時間想想，當時的初衷，找回自己所熱愛與喜歡的，把一件事情做到專精，很小很小的事情也可以。

　　也許起初你不知道自己這麼微小的付出，可以帶來大大的影響力，但時間會還給你所有的努力，感謝平臺讓每個人都能找到共鳴，這個共鳴是不論你的心聲再渺小，都有一群人因為相同興趣及主題，被你的內容所吸引而進到文章內。這讓我深深體會，沒有一條路比你自己造出來的路還要好走且無可取代。

　　有人曾問過我，這段匿名的日子，我該怎麼自我定義？現在回過頭來看，這段在匿名平臺發文的日子，是給足我勇氣、從沒有自信到建立自信、找到個人價值的養分，也是讓我知道自己

即便沒有太多人關注，只要有人可以從我的文章中獲得鼓勵與成長，那就是我繼續創作、記錄、傳達觀點的動力來源。

二、匿名發文與投稿

如果你還沒有正式開始發布自己的文章或作品，你一定會很擔心「大家會不會覺得我很奇怪？」、「我又沒什麼實力，真的可以發文分享嗎？」、「突然發文會不會被酸？」等等各種外界眼光的質疑。這都是非常正常的，因為我一開始也是這樣。

當時「少女凱倫」粉專人數已經有 16000 人左右，按讚的粉絲大多都是因為小編這個身分而來，不能說沒有支持者，但我真的很擔心自己寫職場相關文章，會被前同事們發現或被討論。再加上也想知道撤除身分與標籤之後，撰寫文章還會不會有人看？所以我轉換了自己的身分，取了另外一個名字叫做「MiKi」，並特別設置了一個新的粉專，把在 Dcard 上用 Miki 身分寫的文章都放在上面，主粉專則是完全沒有提到這件事情。

另一方面，撰寫一陣子後，我投稿到《Cheers 雜誌》的網路專欄，想知道自己的文章是否有機會登上商業媒體，如果可行，代表自己的思考與觀點受到認可，且有參考價值的。後續也因為

刊登了幾篇投稿文章，讓我得到一個肯定，知道自己的內容有市場且能夠被人欣賞。

從 2017 年 3 月 7 日在平臺匿名發布第一篇文章開始，到 2018 年 3 月 8 日建立個人 WordPress，整整一年的時間、七篇文章，我才相信自己的文章對他人有幫助，因而轉換經營方式。

在 Dcard 匿名發文的期間，長期而言有何以影響與改變？我可以肯定說，沒有 Dcard 這段匿名日子，就不會有現在的我，因為 Dcard 平臺成了我建立信心的來源與養分，讓我現在面對一些寫起來感覺有疑慮的文章，或是可能會碰到酸民的內容，都不再害怕，因為我知道自己的品質跟實力，是禁得起挑戰跟考驗的。

對我而言，更幸運的是，後來因為記者採訪工作關係，有機會採訪到 Dcard 執行長 Kytu，親口告訴他自己的故事，更收到了鼓勵與支持，這樣的正向循環關係，是人生彌足珍貴的。

當然每個人都有自己的歷程、適合自己的方式，不限制是以文字表達，或者影像、圖文、繪本，或者起初一定要匿名，才能建立自信，這些背後最重要的，都是要學著去發現自己與他人不同的才能，思考為何而做，定下一個目標，即便目標很遠、很模糊，只要前進就對了。

個人品牌穩定期：
不要自嗨，走出你的小圈圈

建立了自信心、跨越心魔後，不論你用何種形式將自己的創作發表出來以後，下一步就是「擴大聲量」。不要害怕宣傳自己的作品，不要害怕告訴別人你會什麼，因為當你不說，沒有人會知道你，也不會收到回饋，無論是正面或反面，都會是好的回饋，更能運用反饋調整腳步。

記得一個想法：「**當你越渺小時，你就要越主動。**」當你想發展個人品牌時，起初都是會受到外界質疑的，這很正常，除非你本來就在業界很有名氣，否則熬過「冷凍期」都是正常的。就像新品牌、新產品上市，都需要市場預熱、暖身、打知名度，主動去宣傳，才會有人注意你，借用你的才華。

跟大家分享我在 2018 年與 2019 年的三個轉捩點，讓我得以在這條路上不斷往下一關邁進，你也可以試著用符合現代社群經營的方式，去找出適合你的模式。

一、運用科技輔助行銷，讓更多人知道你是誰

2018 年 2 月 25 日，我透過「站長路可」的聊天機器人影片教學，使用了「Mr. Rreply 程式」（現已停止服務），幫自己的粉專建立了一則貼文，這則貼文的數據單日觸及人次達到 80 萬人、2.6 萬人留言、8800 人按讚，這個數據出乎意料，我那幾天的手機通知，簡直就是跳到我的螢幕黑屏、電力大下滑，也讓站長本人感到訝異。

這是我那篇貼文的內容：

【我不聰明，但我選擇善良】

2015 年我以半個學生的身分踏入職場，曾經一年內換過三間公司。在這之前，我接觸過照相館、餐飲業、法律、傳統產業、媒體業等不同的環境跟人事物，甚至也創過業，我很容易能觀察出人與人之間的互動。

然而，2015 年，我首度擔任「正職」吃了不少苦頭，開始記錄了我的職場菜鳥生活，最精華的有四篇文章，每次遇到困難，我只要再看看這四篇文章，就又能找回初衷。

1. 請教前輩，有時「並非不懂」而是為了「表現態度」剖析五種新人態度；
2. 韓劇《未生》寫實說出：工作是建立「信任」的一個過程；
3. 職場上學會「隱藏焦慮」從機會中成長，爭取表現；
4. 新公司總待不滿一年…「職場焦慮症」三種表現大解析！

正在找工作的你，想轉職的你，不要猶豫！

請私訊粉絲團【開始】，我就會把這四篇文章私訊給你唷！

只有這短短的 300 字，當時我對文案、社群操作、聯盟行銷沒有什麼概念，網站上的文章也不滿二十篇，但對任何能夠有收穫的東西都感到新鮮，只要有時間我就會學習，不管學得好不好，都會分享出來，處於埋頭苦幹的狀態。

我記得當天下午就是看著站長的影片，一步步操作，把自己的素材串聯在一起。也許剛好是轉職期間，關於職場、個人探索的文章特別容易觸動人心，才會引發如此熱烈的回應，也成為了我在經營個人品牌時的第一個轉捩點。我也發現了「技術」只是輔助工具，會不會引發回應，還是回歸到內容或議題。

這篇貼文出來後，我並沒有強制大家留言（Call to action）

發表感想，才能索取貼文，然而或許大家被內容啟發，紛紛自主性發表了自己的想法：

──「謝謝你，雖然目前只是個學生，可是在工作上也遇到很多貴人，但還是有很多地方需要學習，希望可以從你的文章讓我得到寶貴經驗，謝謝你的分享。」

──「從學生進入職場，非常困惑，想要了解你的寶貴經驗。」

──「雖然身為還沒走進職場的大學生，但已經面臨快踏入職場的焦慮了。」

──「雖然不算菜鳥，但因為邊工作邊準備考試，煩惱很多事情，常靜不下心準備事情，想了解過來人的經驗。」

──「現在對人生未來方向還是有點迷惘，希望透過版主的文章，來瞭解多一點還沒碰到的職場問題。」

──「最近越來越發覺自己在工作上總是沉不住氣，但卻不知道一般定義的標準是怎麼樣的。」

──「雖然只是學生，但是想儘快了解這些事物，幫助未來可以更加積極的往前走。」

──「雖然剛做這份工作不久，但壓力很大，看到你說的這四篇文章很想要看看，給自己一點方向。」

洋洋灑灑總共有兩萬多則留言，我才發現，不論是哪個世代的年輕人或者受雇者，都有一樣的疑惑，對自己的未來充滿迷惘，也加深了我要好好動筆寫文章的決定。

　　過了兩週，2018 年 3 月 7 日，我正式買下了 WordPress 的網域，成立個人網站「karenyang.org」，也感謝我高中好友 James 不停幫我解決資訊上的難題，舉凡網站備份、流量監測等等，也催促我一定要用個人網域，「因為遲早都會用到」。

　　老實說我當時並沒有想這麼多，不過在他的建議下，我發現一年只要 400 多元的網站費用，才真的下定決心，後來開始大量產出文章。

　　當我已經在媒體寫文章、採訪一整天下班回家後，還可以更新三篇文章，而且不覺得累，只覺得有個管道可以抒發心情、記錄職場所見所聞，真的相當開心。這就是我前面所說的「回饋」與「成就感」，當你接收到他人的回饋以後，會不停激增你對某一件事物的熱情，並驅動執行，這就是你的天職，更被稱為是「微動力」[5]。

---

5. 微動力一詞出自著作《黑馬思維：哈佛最推崇的人生計畫，教你成就更好的自己》。

二、甩開那些彼此消耗的人脈，找到人生戰友

　　參與線下社群、結交職涯上的夥伴，是我第二個轉折點，更徹底改變了我的思考與交友圈。我過去的個性是比較不交新朋友的，第一因為覺得麻煩，不想花心力維持人際關係；第二是因為記者身分，常常被陌生人加臉友，因此總懷疑不認識的人，想接近自己的「目的性」不正當。

　　如此封閉的想法，也讓我過往交友圈和人脈僅停留在媒體圈或者同學，更認為這些朋友很有共同話題，也可以知道彼此生活或工作的困難點和狀況，可以紓壓並給予互相建議，就夠了。

　　但久了才發現，當原本的好友逐漸因為工作背景或家庭環境的不同，相交線總有一天也會變成平行線。

　　因為他們不只停滯不前，甚至還退步，最實際的檢驗方式是這樣，當你和他們分享一件好事，但他們卻異常悲觀，小雞肚腸、愛潑你冷水，甚至巴不得你別再前進了，阻礙你的人生，這種「減分朋友」，你得速速遠離、清理一下，並且將自己的「人才帳戶」打開，存進一些能夠加乘自己人生的好友。

　　其實業界優秀的領導者，他們之間多多少少都會有關聯，互相合作時，也都是認同彼此的理念，並且可以互相帶來價值，而

非互相利用。很多人不知從何開始，我認為最好的方法就是自己先當個「Giver」，付出者並不那麼追求互利，反而從內到外具備了「利他」、「責任感」與「社會正義」這幾個特點，一旦自己先幫助別人，其他人也能注意到自己的特質，並且信任，未來有需要互相幫忙的時刻，就會是突破人生領域的重要關鍵。

當然大家會有個刻板印象是「記者不就是到處認識人，怎麼會人脈圈很小」？的確，我們的通訊錄裡面有各式各樣政商圈的電話，但其實大部分的人都只會停留在工作上的資源，當你要說出：「我是 XXX 的記者，有事想請教你。」對方才會把你當作一回事。

這並不是人脈，至少不是我個人的人脈。

長達二、三年下來，我一直覺得自己處於停滯期，對於不是同個生活圈的人，當被問到職業時，基本上也會有點避諱承認自己是記者。舉例來說，辦銀行卡要填寫個資，寫到職業我通常只會寫「媒體業」，但是對方通常都會追問：

「是媒體業的什麼工作啊？」

「要在外面跑來跑去的那種？」

「要拿著麥克風的那種？」

　　對，這就是大家對媒體業或記者的想像，通常落差很大也很片面，老實說我們不會一天到晚跑來跑去，因為出門都有採訪車移動。

　　就是因為這樣的環境與封閉，更多的是不被大眾了解，因此讓我自己心裡也難以跨出舒適圈（或者沒意識到自己處在舒適圈）。

　　過去我認為陌生人加臉書好友，或者主動加他人好友，是一件不太合理的事情，因為這些人沒有必要關心自己的生活。但是當我年紀越長、工作歷程越久，才逐漸發現許多人很少在社群上分享私生活，反而多半是展現自己的專業與學習，用彼此的專業互相學習與幫忙，才能夠一起創造更多不同的可能性。

　　當我轉念以後，我的心態跟著開放，開始接受這樣的模式，將心裡話轉換到其他私密社群上，臉書則多是自己產出的作品或者想法，對於好友篩選也沒有這麼防備，反而對於那些有超過 10 個共同好友的人，連想都不想就同意，或者加好友後也會私訊對方自我介紹，期待未來某一天有可能激出的火花。花了半年的時間觀察下來，我與一位網路上的好朋友，從原本共同朋友 3 位，到現在有 100 位以上，共同話題也越來越多。

我才發現很多朋友下班後，不想緊繃、正經的面對職涯與人生長遠的事情，他們缺乏閱讀、停止進修，寧可花時間抱怨現況，卻沒有想過從微小處開始改變，培養自己的槓桿效應與職場燃料。因為很多人把職場看得太短視近利，卻忽略了自己有沒有習得「移動式技能」。

　　何謂「移動式技能」，像是解決問題的能力、說服與溝通技巧、完成任務的能力、求助與幫助的能力、人脈經營及情商，這些都是職涯中很關鍵的技能，但是卻鮮少有人會持續讓自己進步，或者特別去培養、釐清這幾者的不同。

　　以前覺得跨出舒適圈會有一種不安與害怕，甚至出現厭惡感，但到了我真正跨出去之後才發現，在自己認知的世界以外，有太多跟自己想法很契合的朋友，那群朋友在同個領域，願意付出自己「業餘」的時間，貢獻專業、追求成就與卓越，卻又實際而不膚淺，讓彼此拉著彼此成長。

　　約莫 2018 年的年尾，我嘗試接受新的世界，除了透過採訪、詢問價值觀相近的受訪者專業問題之外，我也付諸行動，加入了臺灣目前最大的自發性互聯網社群「XChange」社群。

　　XChange 的核心價值是「人脈與知識交換」，願景則是「擴

大臺灣網路圈人才在世界的影響力」，其中的成員大部分是在網路、新創的工作者，但組織心態很開放，即便是在設計圈、媒體圈，只要對網路有興趣，也能夠加入，這一群人也成為了我人生的好戰友。

原本以為自己會很格格不入與不舒服，但很多夥伴卻是一見如故、相見恨晚，他們明白那種惶恐，**所以願意做彼此最強而有力的後盾，當你發表想法時，他們的掌聲比誰都大力，當你面對反向的聲浪，他們會給你最大的聲援，捍衛你的自主與創意。**

在每一次的討論，能夠最有效率的討論出對雙方最好的做法，能夠在你人生出現疑惑與交叉路時，幫你從全觀面評估好壞與未來發展，每個人都是這樣的「身懷絕技」，邏輯清楚、清晰、有想法、有觀點的闡述自己，這是過去渾沌而迷惘的我所缺乏的，所以我很珍惜也很感謝。

我發現身邊這群夥伴給了我一個體驗，那就是「舒服」，這種舒服感，是你不用偽裝自己的喜好與厭惡，能夠自在的說出心裡真正的想法，而且彼此都不會帶著惡意，而是因為擁有共同目標，希望事情可以發展得更好才會出現的交流。而這種舒服感，關鍵點在於「信任」，因此即便認識時間短，但卻是能永續維持

的健康關係。

　　但為什麼願意無償付出專業？這就是「與人連結」的魔力，因為這群夥伴除了都擁有強大的能量與實力外，還都是抱持著「分享」心情為出發點，更願意在彼此職涯或人生迷惘碰壁時，給予互相拉抬、鼓勵與支持。

　　透過線下社群，短時間我和上百位不同領域的人接觸，並在同個水平線上討論還能一起做些什麼。這便是《突破同溫層的社群人脈學》一書當中所謂「人脈是最強資產」，只不過人脈是否能成為貴人或者「資產」，又是另一件事。

　　過去聽到牽線跟攀關係，也會有許多人排斥，然而社群活動有益處的地方，在於跟自己興趣或價值觀相合的人聚會聊天、交換想法。但如果是參加以交換名片為目的，沒有特別主題性的跨業交流，不管參加幾次也不會有收穫。

　　也有人認為人脈不需要經營，當然我也同意，因為合則來、不合則去，對於具備一定社會地位的人來說，他是別人想獲取的人脈，當然毋須再主動出擊；但對於出社會不久或者需要再拓展交友圈、幫助自己職涯有更多不同可能性的人來說，人脈真的很重要。

個人品牌成熟期：
將自己升級成平臺，幫助他人串連

　　加入社群以後，要將這些人脈串聯起來、能夠實質幫助彼此、深度交流，下一步能做的就是將自己當成一個平臺，凝聚自己的社群，成為人脈串連的節點，並測試自己是否有能力將線上粉絲轉換成為線下付費粉絲，才得規劃後續商業模式變現。

　　2019 年 4 月，我秉持著這樣的想法，舉辦了跨界讀書會。我所知的讀書會大概有幾種形式：

一、共讀一本書

　　每次讀書會參與成員讀同樣的一本書，實體見面時分享。

　　共讀分成不同形式，第一種比較學術研究，每個人分配一個章節，讀完後導讀該章節的內容，然後互相討論。另一種則是大家讀同一本書，其中一個人製作簡報分享，大家一起討論。

　　好處是大家有共同主題可以討論，話題也比較聚焦，但如果

缺乏時間控制，可能每個人分享的時間不同，有的人不發言、有的人分享太多，可能會讓組織產生一些不公平。當然也可以使用其他機制來控管，比如每一個人都要問問題、沒有問問題的人要心得分享等，來管理讀書會品質。

二、每個人帶不同的書自由分享

屬於比較自由的讀書會，可能有固定舉辦的頻率，每個人都能帶自己想分享的書出席、輪流分享。

好處是一次讀書會可以知道不同的書籍，也能夠有機會跟不同的人交流；但有可能因為沒有限制主題，導致參加前不曉得能收穫什麼，或者各自分享的形式、時間都不同，可能會像是純聊天，如果需要知識性的收穫，這類型的讀書會可能比較少。

三、主題讀書會

職業人士通常追求不同領域、同職業的業內分享，因此會有人私下號召專業人士進行固定的深度交流會，這類型讀書會通常是私密邀請，頻率固定，大家會針對一個設定好的主題分享自己的經驗。

好處便是職業人士可以透過深度交流，交換產業資訊，更有
可能在此促成合作，或者為自己的職涯鋪路，有機會能互相跳槽
也不一定。

四、作者自辦讀書會，只讀自己的書

這一種形式也很特別，通常作者出書以後，為了要宣傳新書
上市，會舉辦讀書會，有的作者會擔任導讀者，將自己書中未盡
的想法表達出來，或者是教讀者如何使用他的書籍作為工具書，
現場可獲得作者簽名，或者以較便宜的價格買到作者的套裝書或
是同一出版社的書。

分析了不同種的讀書會進行方式，我想你可能會發現：

「書」只是一種媒介。

「讀書」是一種共同行為。

「讀書會」則是社群或平臺，將不認識的群體凝聚在一起，
擁有「共享」的力量。

對已經發展到成長期、尚未進入穩定期的個人品牌經營者，

「經營自己的社群」是至關重要的一件事情，其中最容易入門的，就是自辦「讀書會」。透過你所制定的規則，便會凝聚不同的參與成員，也更容易透過讀書會彼此合作，擦出不同的火花。

2019 年 4 月，我舉辦了我的第一場「跨界讀書會」，當時我抱持著想要經營自己的線下社群冒險一試。會說「冒險」，是因為我本身屬於「內向人」，不是很會活絡氣氛，而且又有點害怕交友。

然而，我的讀書會與上述提的形式都不同，差異在我採用了「設計師交流之夜」（PechaKucha）的方式進行。這個方式是來自於日本藝術家的交流，原因是藝術家們通常都有滔滔不絕的話題，如果沒有讓他們限定時間，可能一講就是好幾個小時。

我曾去過藝術家的畫廊，從早上十點待到晚上十一點，整整十三個小時，除了參觀畫廊之外，剩下的時間就是喝紅酒、聊天，因此我對「設計師交流之夜」的方式特別有感，因此將其運用在讀書會上。

「跨界讀書會」每期都會指定參與者閱讀同一本書、限定人數（上限 12 人），每個人要準備一份簡報，簡報有個硬性限制，如二十張簡報、每張二十秒自動輪播，參與者在事前就會將

書籍閱讀完畢，並且依照自己的讀後心得結合人生故事做分享。活動過程中設計「深度交流時間」，因此每個人都一定要事前繳交簡報並上臺分享才能參加，否則對分享者不公平。

每次分享限定在 6 分 40 秒完成，因為這樣的定題、定時、定量可以掌握品質，讓每個來參加過的人都盛讚「真的可以好好深度交流」，且當我每次聆聽不同分享者的故事，也都覺得相當驚奇，怎麼同一本書可以有這麼多詮釋方式？

跨界讀書會也進行過不同「版本」，正常版的如上述，然而 2019 年 9 月我出國了三個月，沒想到讀書會成員決定不能因此暫停，要持續辦下去，所以發起了「遠距版讀書會」，我人在國外、他們在臺灣進行分享。

再來是因為大家都非常想要讀某一本書，所以待我回國後又約了「封閉版」，雖然只有 7 個人，卻可以好好分享、深度交流，結束後大家還一起吃午餐，下午繼續參加演講活動。

換個思考角度來看，以書為名的社群活動，其實已經下沉至日常生活當中，原本以為只是一起讀書，卻因為書而有了共同話題，又因為有了共同話題，讓彼此生命有所連結，參與彼此的人生，甚至一起合作創造出不同的合作。

像是其中一位全勤的成員如佑，因為本身熱愛植物手作，因此在參加讀書會半年左右後，開始了自己的社群活動，在持續參加讀書會的狀況下，又遇到了另外一名手作甜點的成員 Grace，兩人就一起合作開了「盆栽 X 盆栽」的體驗活動，用手作苔球跟甜點盆栽作為活動主軸；也有一位全勤成員阿毅，本身舉辦「咖啡閒談」的深度交流活動，邀請讀書會成員擔任分享者，彼此累積經驗，這樣的社群自發性，正是我理想中的美好互動與串聯，把社群變成自己喜歡的樣子。

　　成員西卡分享：「2019 年無意間在臉書上看到的跨界讀書會，沒想到因而讓自己的生活有了極大的翻轉。一直以來都是個愛看書的人，但卻不太會表達自己的想法，經過一年不斷地參加讀書會的訓練，讓自己在人前闡述自己的想法時，講得越來越清楚。藉著讀書會認識來自不同領域的專家，除了從別人身上學到新的想法與知識外，也發覺自己自身的技能其實也可以幫助別人解決問題。回首過望一年的轉變，真的就像第一次參與跨界讀書會的那本書《突破同溫層的社群人脈學》一樣，走出自己的同溫層，與不同的人連結在一起。」

　　林靜則是分享自己的心得：「這是一個有魔力的讀書會，原

本參加線下課都躲在角落、不太與人聊天、很難與陌生人建立友誼的我，竟然一次又一次的參與，與夥伴們交流，共享生命的喜怒哀樂。回首這一年，因為跨界讀書會，認識更多不同領域的愛書人，也打開我內心緊閉的窗，看見不一樣的風景。謝謝跨界讀書會，讓我遇見更好的自己。」

　　如佑的分享是：「2019 做最對的選擇就是參加跨界讀書會，當初被 20X20 的 PechaKucha 形式所吸引，藉著每次讀書會反芻產出自己的故事和其他成員交流想法，這一年來場場參加，受到成員們正向努力的激發，2020 的中旬勇敢走出原來的圈子追尋無限可能。以前總覺得自己像醜小鴨沒有資源，才知道原來讀書會的背後是可以累積無價的寶藏。」

　　在那麼多人都深刻回饋之下，2020 年年初，我決定將這麼好的活動公開讓更多人參與，因此舉辦了「無限放大版」，將參與者分成三種角色，利用角色區分將活動「分層」，營造多元感受，更在 2020 年 8 月將讀書會轉換為訂閱制，藉以培養夥伴升級轉型。

一、知識分享者

上臺分享的夥伴，跟過去參與者相同，只不過「無限放大版」有開放聽眾旁聽，場地跟舞臺規模也完全不同，對完全是素人、沒有上臺分享過的人來說，其實是相當大的挑戰。

為了維持品質、讓知識分享者上臺前有更多的準備，我們邀請業界 10 年資歷的新聞主播，替他們做免費的肢體演說培訓，點出知識分享者的優點與可以短期調整的方向。培訓過程全程錄影，不只讓知識分享者受到高規格待遇，還能夠調整上臺分享的簡報內容。

二、知識聆聽者

過往的讀書會不開放旁聽，即便有人提出想要付費旁聽，仍然會被拒絕，這樣也才能夠尊重準時繳交簡報、上臺分享的參與者。不過無限放大版首次開放「旁聽」，主要是希望大家能夠一起感受「知識分享」的力量有多麼強大，同一本書、不同的分享者，便能無限演繹出多個版本。

三、知識深度交流者

在跨界讀書會中，會安排「跨界深度交流」時間，通常為一個小時半，進行方式會隨著書本不同，有不同的討論形式，有時候是一起撰寫書本中的「目標表格」，有時候會是共同討論題目、交換想法。

這樣的時間，可以凝聚參與者的心，透過事前的知識分享，了解彼此的故事，討論時可以更深刻了解知識分享者的背景，並對他有更深層的認知，讓活動結束後還能有保有連結。

因這三種不同的角色，往往讀書會活動結束後，參與者都會認為「時間不夠用」，但事實上活動已經超過五個小時了，我想這大概就是一種心流吧！當你遇見志同道合的夥伴，便會想要拋出更多自己的所有，當彼此都抱持著這樣的心情，社群就能越來越活絡。

這樣的方法不只適用在讀書會，若想要建立一個有品質、回鍋率高的「社群」，當作你串聯他人的平臺，只要謹記：

1. 建立規則、維持品質；

2. 創造互動；

3. 維持真實聲量。

把握這三個原則，平臺受歡迎是遲早的事情。但千萬也要記得，不要營造假的社群聲量，因為那可能只會讓你活在自己的同溫層當中。稱讚你的人永遠都在你面前說你很好、你很棒，但是批評你的人，永遠都是在背後、你不知道情的狀況下評論你，甚至默默擋下各種機會。若不想遭遇到這樣的情況，謹記不要為了一時的聲量，而賠上原有的名聲。

個人品牌反哺重置期：
活在這個世界上，不反思何以成長

　　與其說經營個人品牌，我認為這條路上，**其實只是每個個體**
在向內探索自我的過程。過去演講時，曾經有聽眾問我，如何知
道自己喜歡的東西是什麼，並且朝之努力？

　　要發掘一個興趣、熱愛的事物，絕對不是短期的衝刺，而是
長期的馬拉松挑戰，只不過跑者只有你自己。

　　建議可思考這兩個問題，請拿一張紙寫下：

↑　　非做不可的4個理由

個人品牌重要嗎？

還在停原地的4個理由？　↓

1. 個人品牌非做不可的四個理由

思考方向：為什麼要做個人品牌？個人品牌對你為何重要？

2. 停留在「原地」的四個理由

思考方向：每個人的「原地」不同，有的人剛起步，有的人則是已經有自己的平臺，但為何你沒有進一步發展，停留在原地，想一下你個人的原因。

接著對照上面第一個問題，你會赫然找出自己的解答。當你把關於自己的這兩件事情釐清之後，要走在什麼道路上，輪廓就會清楚了，因為你所檢視的，正是你無法克服但又想克服的事情，還有你的「微動力」為何。

倘若世界要為我們貼上標籤，
那就跑得讓它來不及貼上

　　我在每一個階段的人生當中，就會先預期自己下一個階段要做些什麼事情，所以我一直馬不停蹄的鞭策自己，還要更好、還要更好，所以常常在外界眼裡，我的想法跟所做的事情都不那麼符合常規，因為我認為「不要設定目標，而是愛上挑戰」。

　　這句話也許聽起來滿弔詭的，大家都在說，要有目標才有前進的動力，才能回頭檢視自己的進步程度，但其實在《黑馬思維》這本書當中，提出的思考是「**走在曲折的道路上，不代表你漫無目的。**」

　　這句話意思是，當外界覺得你「不穩定」、「不知道你在做什麼」，甚至讓你懷疑自己是不是真的不符合社會期待，這些都不代表你沒有自己的目標，記得，「很多偉大的事情，起初看起來都不是很合理」，只要你清楚知道自己在做什麼，且能掌握自己步調，那就已足夠。

做一個能無中生有的「創造者」

當這個世代開始注意到個人品牌的重要性，資深職場人士也都會萌生如何在舒適圈裡創造更多自己的價值，甚至不單單只是企業賦予自己的頭銜與職能。

然而從個人品牌再往上拉升一層，我認為能夠執行個人品牌，且有一番成果的人，他們都是一名創造者（Creator），能夠無中生有，從創造獨特定位而不受世俗標籤限制，能擁有這樣的能力，才能接受市場的挑戰，承受負面的回饋，並且越來越壯大。

至於如何才能成為創造者，我透過個人經驗，歸納出了一套守則，我將它取名為「CREATE 創造守則」，我認為擁有這六種「移動式技能」的人，才會是在這個以「個人導向」的世代，能夠保有彈性、隨著趨勢變動而調整腳步、走得長遠的人。

CREATE 創造守則

C-Cross Over 跨界	R-Realize the Self 了解自我	E-Expression 表達
A-Autonomy 自律	T-Think 思考力	E-Efficiency 效率

1. Cross Over 跨界

雖然世界上很流行斜槓青年（Slash）的概念，用「／」符號把一個人分成不同的身分，代表個人有多重職能，但我認為每個角色轉換之間，彼此之間是有關係的，不同的能力在不同領域，反而可以激發出新的思維，能夠整合本身能力運用到不同身分上，是一種跨界能力，同時也可以被視為是跨領域、多工，你擁有多種技能，可以橫跨不同領域，不是斜槓。

跨界能力背後最重要的，就是把各種領域的事情連結起來，進一步發展成具有個人特色的事情。舉例而言，在我社群能力的累積當中，默默具備了商務開發的能力，意思便是能判斷不同族群的需求，並將其需求互相媒合，串聯在一起，讓 1 ＋ 1 ＞ 2，並借力使力，達到三贏或四贏局面。

在媒體工作當中，基本上不太會用到商務開發的能力，但

因為我在社群戰友的彼此磨練與學習下，具備了商務開發思維，將其運用在媒體工作當中，讓我所認識的廠商與受訪者有機會合作，並搶先在正式發布前掌握訊息、取得獨家新聞，讓媒體、廠商、受訪者三方都各自正當且正面的獲得自己想要的回饋，因此跨界能力是相當重要的。

2. Realize the Self 了解自我

關於了解自我這件事情，本身很抽象，需要方法與時間，才能夠真正了解自己，唯有你了解自己，才會在作決策的時候理性分析自我，並理性的加入「情感元素」來思考自己在做決定時的行為與情緒。

知道自己不做什麼事情會後悔，知道做了什麼事情會開心，或是真的後悔之後會出現什麼樣子的狀態，比如糜爛、睡覺、不出門這種狀態，以及如何克服。

如果你對自己的了解越深，就能幫助你在職場或人生做任何決定時，都可以很勇敢拒絕以及接受被拒絕的事實。這絕對不是我很堅強，而是我 2019 年上半年曾經歷過三到四次的重大挫折，甚至一度懷疑自己被世界拋棄，靜下心沉思後，覺得問題就

出在我過於自信，才會導致這麼大的挫折。

　　後來我好好審視自己，並回溯過去的人生經驗，比對前幾年的我與現在的我，面對一件相似的事情時，我的做法、態度跟情緒。我才深深了解到「人生不論你何時何刻，什麼年紀、什麼狀態都會重複遇到相同課題」，我認為都是為了考驗你是不是已經成長，因為前幾年的跤已經摔過了，再給你同樣的課題，你是要選擇摔跤還是不摔跤？這個思想是我認為已經成長到一個階段。

　　過去在負面情緒較多的時候，我會到處詢問別人的意見，包含我前兩、三年曾經抽到加拿大打工度假簽證的資格，儘管我已經抽到了，但連自己都不太確定要不要出發，我也一直詢問別人要不要去，其中有 80% 非常支持我，不妨出國給自己多一些歷練。但最後我並沒出發，當時後悔得不得了，那時候我就決定，下次如果還有出國機會，我絕對不會再猶豫了，我要直接過去。

　　2019 年 7 月，我裸辭第五份工作，以世俗的眼光來說，我只做了四個月的工作就離開，履歷並不好看，但是我回過頭來看，我非常了解如果繼續待在同一份工作，一年、兩年我會沒有任何成長，並且會停滯了某部分的能力與視野。

　　我想要跟身邊周遭正在為職場與人生決定困擾的朋友說，離

開你所習慣的人事物，人生不會就此崩塌，反而你可以透過吸收新事物的刺激，讓生命擁有更多的養分。

不要永遠只停在原地看著別人向前奔跑，那是非常可惜的，或者只會讚嘆對方很勇敢，對他說我沒有像你這麼幸運。但，幸運是透過人生跌跌撞撞經驗累積而來的，有沒有把挫折當成養分很重要。沒有人是天生下來就這麼幸運的，釐清什麼樣子的事情對自己有幫助，什麼對自己沒有幫助，勇敢的斷捨離，不要浪費時間，抓住機會並相信自己做的每一個決定，都會為你人生帶來重大改變，而且讓你有足夠的信心，去迎接即將到來的挑戰。

如果你沒有進步與成長，永遠只能遇到乏味無趣的挑戰，只會抱怨、羨慕別人的時候，久了以後，就沒有人可以幫助你了，所以當你遇到一個人生抉擇時，來問問自己，想要什麼、想要成為誰，以及想要過什麼樣的生活，都確定以後，就勇敢的踏出舒適圈吧。

3. Expression 表達

在人人都是自媒體的時代，如何透過自己擅長的平臺、工具表達自我想法，是相當重要的事情，這與「溝通力」脫離不了關

係。表達的形式有很多種，像是文字、影像、聲音都是不同的文本脈絡，沒有對錯也沒有好壞，因為表達的核心關鍵是，如何組織內容架構與有邏輯、簡單的表達一件事情。

從生活、職場中培養出表達邏輯，便可以訓練出自己觀察事物的能力，進而有一套自己的觀察與觀點，透過正向循環，再次精進自己的表達能力。

精進、調整的方式，可以是用同種模式進行一段長時間表達（創作）後，回首去檢視自己前後的不同；或者是轉換不同的表達文本，比如文字轉影像，影像轉聲音表達，這樣可以切換自己思考的脈絡。

轉換文本可以切換表達思考的脈絡原因在於，文字是線性思考的，但是影像是非線性跳躍性思考的，且兩者組成元素不同，若是以文字表達，可以單純是文字，也能加上圖片，來傳達自己的心境意象；若是影像就有很多組合元素，包含影像、聲音、配樂、字幕、特效等，這兩種截然不同的文本，實際做起來當然會激盪出不同想法；透過刻意的練習，並時時刻刻回頭檢視自己，就能夠感受到表達力的改變。

4. Autonomy 自律

　　我對自律的解讀與思考，不只是時間管理「不要以小時切割人生」、「按照生活作息去安排每日行程」、「完成每日清單」就足夠，也不只是對自己自律，還要對合作對象自律。

　　我的核心價值是「不要犯錯的最好方法，就是不要讓自己有任何機會失誤」，說犯錯可能太言過，但以生活上來說，我基本上就算是在國外沒人管的狀況下，也絕對不會去夜店或者聲色場所，排除我本來就不是很喜歡以外，我更是一個完全不讓自己有機會接觸到可能會「引起麻煩」的任何事情，絕不會把自己暴露在危險的情況當中。

　　在篩選合作對象的時候，我也會設下自己的檢視標準，就是信任與禮貌。雖然還是在起步期，當身邊的人知道你有能力可以幫忙牽線、認識其他人，或者來點不一樣的合作，創造出一些火花，這些人就會想方設法地接近你，主動提供「看起來很好的機會」，這時候就要學著分辨，誰才是真心的想要幫助你，誰只是想要利用你去烘托他自己，但實際上對你沒有幫助，卻花了你很多心力。

　　通常我遇到這樣的人，很快就會保持距離，不會有模糊空

間，甚至也會私下提醒朋友，更不會怕對方知道，因為釐清界線，才能夠保護自己。

　　關於信任，如果你遇到合作方故意將價錢壓低，觀察一次、兩次，對方都沒有給出你該有的價值，或者以欺瞞的方式合作，基本上就可以直接篩掉這樣的合作了。

　　另外，準時匯款也是「信任」的一種，先前我一直覺得，去追廠商給薪水好像顯得自己很小氣，還會想對方會不會覺得「就說會給你，幹嘛這麼急」？但我就是很在意，上個月說好下個月幾號給，或者說好兩個月後的某幾號給，都是一個早就談論好的日期，如不能準時匯款，是否代表該廠商不尊重你或財務狀況有問題？這些都是可以從匯款這件小事情看出來的。

　　我自己會有行事曆記錄何筆款項進帳的時間跟帳戶，因為有不少廠商需要管理，幾乎每天都會打開確認，所以各個廠商的匯款日，我都記得特別清楚，有的廠商會使用電子預約，所以我會很早就收到確認信，這是我認為很負責的方式。

　　最後是禮貌，我本身相當不拘小節，如果跟我互動過的人就知道，我向來都是有問必答，有需要幫忙就盡力付出，但是我真的非常在意一些小細節，那就是對方是否真心以待，有沒有誠實

以告。

過去收過幾次邀約信件，希望可以一起合作，不過對方信中特別提到跟誰認識，正巧我跟這位他提到的人關係不錯，所以我就親自做確認，沒想到發現兩人其實沒見過面，也不算熟，這讓我很錯愕，好似誰成了誰的籌碼。

我認為，在邀約時比較好的做法是，事先告知你想提到的人想要找誰合作，等到對方被詢問時，就能證實確有此事，便會讓人覺得很細心。也有另一個做法是好好介紹自己，並且好好的說明為什麼想與這位人士合作，這才會是健康的合作關係，而不是依附在誰之下。

5. Think 思考力

前面章節有提到，要有思考的時間，才有思考的能力，很多人覺得思考就是東想想西想想，但是我覺得「思考」這兩字有其寓意。

所謂思，可以是思考、思想、思維、思辯、思慮，深入一點更囊括了策略、規劃、謀略，簡言之不單純只是想一件事情。

思考是有系統性的，更是付諸實現的前置動作，最終目的是

為解決某件事情。

思考是有步驟的，從觀察開始、剖析問題、定義問題、解決問題，並反覆推敲邏輯性及可行性。

也許外人對你的思考路徑無法掌握，便認為你沒有規劃，但每個人做一件事情一定有目的，為了達成這個目的，背後一定有所準備，只有準備得周全與不周全而已。

所謂的準備，也不只是把自己準備好，更重要的是預先設想各種可能的狀況，像是了解溝通對象的喜好、脾氣、態度，或者是了解企業的組織、文化與氛圍，不在職場的話，可能是側面了解 B 與 C 之間如何溝通，因而連結回自己（A），這種都是預先準備。

這些，都需要時間，絕對不是一蹴可幾。如果留一段時間給自己，思考便不可能是周全，你以為的周全，也許只是別人的一個角，而非圓周。

6. Efficiency 效率

當你在抱怨時間不夠的時候，你有沒有想過，問題可能是出在自身「效率」？所謂的效率，可以指做一件事情的效率，但也

可以指規劃事情、做決定的效率。從個人開始,做一件事情的效率,遠遠會影響你每一件事情的安排。

而要增進效率,除了工具要備齊,像是電腦速度快不快之外,另外則是自己對一件事情的熟悉度高不高。以工作舉例來説,明明都是記者,有人寫一條新聞要一小時,但有人寫一條新聞卻只要十分鐘,原因絕對不是誰比較聰明,而是對一件事情熟不熟悉,多次練習、熟悉之後,才會有增加效率的可能。

另外,做決定的效率也會影響你的人生進展,因為我自己個性比較急躁,所以做決定往往很快。對別人而言,我可能是不考慮後果、很衝動的人,但是對我來説,即便是做決定以後,出現不如預期的狀況,我還是堅持自己可以遇到問題時,就找到解決方法去克服,如果不能克服,就誠心接受自己當時做的選擇,下一次不要再做同樣決定就好。因為高效決策的關係,才會有狠心對自己斷捨離的機會,更可以不斷讓人生充滿挑戰,而不是停留在原地,留在舒適圈裡覺得自己好棒棒。

時間生活管理術：
不要以小時切割人生

　　關於時間管理，多數人的問題在於認為自己不夠自律，有拖延症、懶惰、沒有按表操課，就是懶散，然而自律與時間管理有關係，過去的教育體制，不論在安排課表或者是傳統公司，上下課、上下班都是以幾點到幾點要執行什麼事情為主，標準化的操作，可以有效控管團隊進度執行，然而在安排私人行程時，事實上得回歸到「個人」身上。

　　因此我認為時間管理是一種生活管理，若用小時切割自己的人生，反而會衍生出拖延、不夠自律的懷疑。這是因為每個人處理事情的效率、速度、偏好、作法等等都不盡相同，若每個人都以一個小時、六十分鐘來劃分做一件事情、讀一本書、看一門課程或是寫一篇文章，都是不公平的。

　　再加上現今社會我們常常在打開電腦、手機要做正事時，就會有訊息、其他通知等干擾因素出現，你會認為手滑去看其他影

片、回訊息、打電話等是不自律的表現，但我認為訊息是一個無法控制的變數，有些事情也許真的很緊急，讓你不得不回，這就可能會拖延到原本你安排的事情。

因此時間管理除了時間以外，還得考慮到處理一件事情的效率與精力，再依照個人不同的狀態，去安排做事情的優先順序與時間，若是你平等的以小時切割自己人生，沒有去充分了解自己，事情卻又一直做不完，反而產生負面循環，責備自己不自律、不會時間管理，久而久之，你當然會覺得自己有拖延症。

» 時間生活管理表使用指南

時間生活管理表

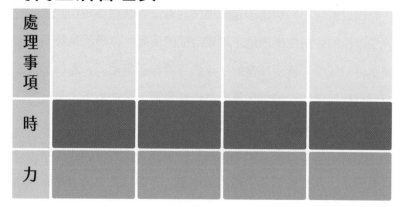

處理事項				
時				
力				

　　和大家分享我的時間生活管理表，表格內的元素是我在腦海裡安排行程時會考量的事情，我將它實體化，讓大家參考使用。

　　首先，你先要靜下心來思考一下，你的個性跟平常做事的習慣。比如你是屬於可以按部就班、每做完一件事才會去做下一件事情的個性，還是屬於某件事情做到一半跑去做另一件事情，讓兩件事情都會有進度，才會比較安心的人。

　　或者看一下自己的生活型態，你喜歡早一點起床做事，還是習慣熬夜？做某一件事情有沒有特殊習慣，比如說泡咖啡、吃水果、放音樂等等，都是每個人的不同嗜好。

　　思考完關於自己的本質以後，我們就開始著手寫表格吧！

　　首先，在處理事項一欄中，將自己手邊要做的事項逐一填進去，不限於當天的事項，也可以是隔天、下週或長期的規劃。

　　接著在「時間」部分，寫下你完成那一件事情預估需要多久時間，如果從來沒有注意到自己完成這件事情要多久的話，建議你可以對自己做實驗，在執行一件事情時，需要花多長的時間。

　　舉例來說，可能我會需要製作簡報內容的 A 部分；注意，不一定是 100%完成一件事情，你可以拆解自己的目標跟任務，並以小步前進的方式達成目標。在開始時看一下時間，假設是早

上 10:00，結束時再看一下時間，可能是 10:30，那麼你完成 A 部分的時間就是三十分鐘。

　　未來遇到類似的事情時，你便可以以三十分鐘為基準，做為你執行這件事情的時間參考，若真正落地執行時，發現需要更多或更少時間，下次在填表格時，就隨之調整。

　　另外在「力」的部分，每一個人對於事情的專注度，會因為對事情本身的喜好或其難易程度而有所不同。所以力的部分我會拆解成兩個光譜，第一是專注度，第二是難易程度，把事情的程度作區分之後，接著填寫上去。

　　專注度我會分成五種光譜：

　　1. 容易分心；2. 分心；3. 中等；4. 專注；5. 非常專注。

　　難易程度同樣分成五種光譜：

　　1. 簡單；2. 有點簡單；3. 中等；4. 困難；5. 複雜。

　　這個衡量指標是相對數值，而非絕對，是依照當下你所排出來的事情去分類，且長期下來，隨著能力成長與事件重複次數，耗費的時間跟難易程度也會隨之改變，因此它是一個動態表格，端看使用者如何運用。

等到處理事項、時間跟精力都填寫完成後，再結合一開始提到的，你的個性與做事習慣，去安排你的生活。切記，讓你的情緒與感覺適應這樣的配置，而不要用小時切割人生，更不要跟別人比較，擔心別人進度走在你的前面，能力發揮得比你好。每個人都是獨立個體，沒有誰比較厲害，只有誰願意堅持走到最後。

以我自己為例，假設我一天會有社群排程、文章寫作、美工設計、閱讀這幾件事情要做，我就會先列出一份清單，寫上日期，等於當天就要把所有事情都做完，但在安排事情上，我會用時間跟精力來安排。

掌握時間＋精力成本

處理事項	社群排程	文章寫作	美工設計	書籍閱讀
時	10-15mins	20-30mins	1-2 hr	不定
力	簡單	中等｜分心	簡單｜專心	簡單｜分心

1. 社群排程：

我自己常常有新文章或者出版社合作的內容要推播到粉絲專頁上，對我而言這是一件很簡單的事情，只要想好文案與排程，在十五分鐘內便可以解決這件事情。

2. 文章寫作：

我寫文章的速度包含想標題、寫內文，半小時內可完成一篇千字文章，但常常在寫作時，我也會分心去其他網站看資料或看影片，我認為這是找靈感的一種方式，而不是不專心。在耗費精力來說，寫文章對我而言是滿紓壓的一件事情，因此我反而樂在其中，不會感到壓力。

3. 美工設計：

舉辦活動或者寫文章，會需要做一些美工視覺的圖案，我自己非常喜歡做這件事情，只要打開 Photoshop 開始做美工設計，我連在眼前跳出來的訊息都能不理會，如果是現實中有人呼喚我、要跟我說話，我也會直接聽不到，呈現進入心流的狀態，相當專心，也不會很耗費體力。

4. 閱讀：

在閱讀書籍的時候，我很容易分心，常常翻一兩頁就開始滑手機，或者去搜尋其中一些段落的補充資料，而且閱讀的時間可能相當零碎，也許是通勤時間，也許是打文章打到一半想休息找靈感，也會翻書看看。

分析完自己對每件待辦事項需要花費的時間及心力之後，接下來就是安排一天行程及做事情的優先順序了。

安排事項其實與清不清楚自己的個性有關，每當我在手上有許多待辦事情的時候，心裡會感到特別焦慮，所以我會以減少數量為主。因此先執行社群排程，將四件事情減少到三件事情，再來寫文章與閱讀輪流交錯，大概能在三至四小時間一次完成兩件事。如果需要拖到隔天，我會把文章先完成，或者寫到 80%，並在後面空白處補充接著要寫什麼內容，等到下次要繼續書寫，就能很快銜接，不必再耗費時間思考。

最後我才會選擇做美工，因為當我開始美工的時候，我會忘了時間過了多久，甚至幾乎不會看手機或影片，專注度很高，所以我會選在有一段完整時間時，執行這件事情，可能是深夜，也

可能是白天一個人到咖啡廳，不在家作業，因為追求完整時間、好好做完，因此美工不會讓我感到有時間急迫的壓力。

最後還有一個關鍵，那就是「設定自己的 Deadline，而不是別人給你的」。在接案或者上班、上課，都會被設定一個期限，很多人都會拖到期限前一刻才繳交成品，因此會有種「原來只要有時間期限，我就能夠完成事情」的錯覺，久而久之讓自己習慣衝底線。

但很多事情其實可以早點做完，能夠讓自己提早做完的方式，就是自己設定期限，而不是跟隨別人，提早做完也有幾個好處，像是獲得完成作品的成就感、檢查作品品質的時間，以及讓自己在處理事情能更游刃有餘。

如果真要說有什麼時間管理祕訣，我覺得「充分了解自己的能力，對不同事情的掌握程度與效率，並依照自己的生理時鐘安排」很關鍵，而非去切割時間。若以每小時為單位去填充事情，這樣會讓自己沒有彈性空間，或者一旦沒有完成，會感到自責與沮喪，反而拖累進度。

這是一種惡性循環，如果你在私人事項還是以每個小時要做到什麼進度來安排時程表的話，建議可以換個方式試試看，增加

自己的效率。

　　有人說這是極致的自律，可以這麼說，但**外界對自律會認為
是很嚴格的要求自己去忍住想做的事**，像是偷閒、休息。但我定
義的極度自律，是個人對自我的了解程度，而非迎合社會給我們
的規範或框架，反而「清楚知道什麼時候，適合做什麼事，效率
最高」，或是了解自己的缺點，找到其他方法來補足，達成雙倍
的能力，才是最好的管理方式。

動手寫「子彈筆記」，
檢視＋修正逐步甩開脫序人生

　　除了時間管理外，你也可以搭配「子彈筆記」來管理自己的瑣事。

　　如果你完全對子彈筆記不了解，想開始著手，就會發現目前在各種平臺上搜尋「子彈筆記」（Bullet Journal）時，可能會出現設計相當華麗的筆記本，感覺上每個人的本子都非常獨特，不畫點什麼好像就無法成為一本搬得上檯面的子彈筆記。

　　如果沒有再主動一點去了解子彈筆記創始人的精髓，可能就會深陷「我不會畫畫怎麼辦」、「我可能寫不出來」的情結，或是單方面認為子彈筆記就是要畫得很漂亮才可以，因而遲遲無法動筆。諸如此類的想法，其實完全誤解了作者發想子彈筆記的關鍵與做法。

　　《子彈思考整理術》作者瑞德・卡洛（Ryder Carroll）本身患有注意力不足過動症（ADHD），從小他就知道，自己最缺乏

的就是讓自己可以專心做一件事情的「系統」，為了改善這樣的問題，因而發明了子彈筆記。

瑞德‧卡洛過去是一名 UX/UI 網站設計師，手上有許多專案必須要處理，子彈筆記便幫助他歸納，甚至結合「計畫表、日誌、筆記、待辦事項清單」，讓他不再容易分心。約莫 12 年前，他看見同事為繁瑣的事情苦惱，因此主動分享自身的整理術，這一分享卻讓對方震驚到說不出話，鼓勵作者「一定要跟別人分享！」才觸發現在子彈筆記的蓬勃盛況。

子彈筆記究竟是什麼？

一般跨年日誌，我們只會有月曆與日曆，上頭都會有設計好的表格，如何填寫則是看個人心情。不過，子彈筆記則是用空白或者點狀筆記本執行，上頭並不會有工廠出產時設計的表格，反而是讓你可以依照自身需求去增加頁面，或者依據不同目標去設定不同的表格並執行。

子彈筆記神奇的地方在於「系統」，並且需要自己定義符號，以下簡單介紹功能：

1. **索引**：標註主題內容之頁碼。

2. **未來誌**：用來記錄非當月的任務。

3. **月誌**：當月時間與任務安排。

4. **日誌**：每日想法記錄。

5. **快速記錄**：運用符號與記號記錄想法、劃分成註記、事件與任務等不同類別。

6. **群組**：子彈筆記的模組化，可以用來整合相關內容，你也可以建立任何想記錄的群組。

7. **轉移**：檢視子彈筆記的內容，每個月將無意義的內容移出。

　　看完以上的文字，你可能還是難以理解實際做法，但我認為，比起「操作」，背後的核心概念更重要，因為這才是決定你要不要動筆、動筆之後可以堅持多久的動力。

　　我認為子彈筆記的核心關鍵在於「**你有多了解自己**」，也才知道該如何選擇最適合的記錄方式，Ryder 將筆記形容成一種哲學，哲學就像每天都必須喝水，譬喻將哲學實踐在日常當中。

　　再深入一點思考，透過每日檢視與轉移，去「有意識思考」，讓它變成生產力工具，而不是創作出一本很美的筆記本。

放大自己的格局，透過檢視筆記，透過內省整理心情與思緒，知道自己在做什麼，有何意義，過濾目標，挖掘人生更重要的事情，而非沉迷在無意義的小事上頭。

在設定任務與目標的過程中，你要不停的問自己為什麼，透過問自己為什麼的過程當中，與自己對話，找到目標的意義與了解全貌，去分辨什麼是可以掌握的。不要花時間擔心別人的想法，不要花時間擔心別人的耳語，因為你無法控制別人，**你唯一能控制的，是你面對事情的處理方式。**

Bullet Journal 實作－「你的人生過得怎麼樣，筆記就長什麼樣」

上述都是比較學理的部分，在我看完子彈筆記、聽過作者本人演講後，從 2019 年 5 月開始，我重拾手寫筆記本，所以用同樣是初學者的角度，跟大家分享如何開始設計自己的子彈筆記。

1. 索引頁

　　這部分就是目錄，把這本筆記本每一頁除了日誌的地方，都編上自己的號碼，我是寫到哪裡編到哪裡，不會全部寫好。

　　一開始先設定未來誌，再來 5 月月誌，因為我喜歡看書，所以設定了書單，出版社需要我看書寫文章的時候，我也乾脆就把心得寫在子彈筆記內。上回跟朋友分享到個人品牌的打造，就直接拿出來指著其中一個 Point 分享。

索引頁
陸續新增因此留空

2. 未來誌

　　作者本身是設定「年誌」，我是五月開始，所以把剩下到年底的表格都先畫出來，並且把未來行程先填上去。（沒錯，我的六月滿到格子寫不下 XD）

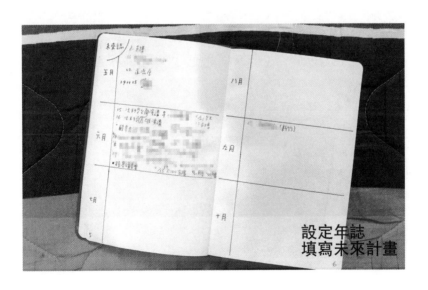

設定年誌
填寫未來計畫

3. 月誌

　　左邊概念就是一般的行事曆，粉紅色螢光筆的部分，是我粉專比較大的合作案，有演講、直播與寫推薦序。右邊則是我想做的三件事情的目標，有文章、YouTube 跟寫書，有完成的那一天就畫圈。（可見我一直在逃避寫書 XD）

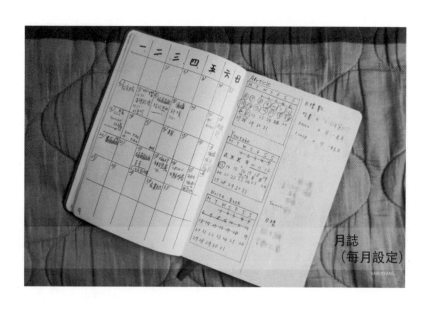

月誌
（每月設定）

4. 日誌

　　每天計畫完成的事情，以及可以簡單記錄一下當天發生的事，每件事情前面有自己的符號，讓自己判斷這件事情本身的進度。

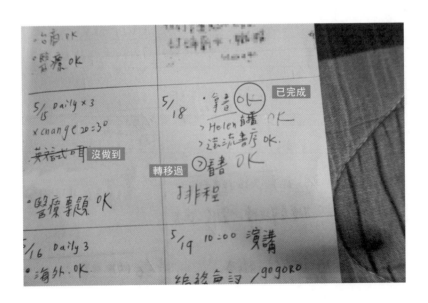

子彈筆記的精隨之一就在「定義符號」，作者本身有提供自己的符號表，但你也可以定義屬於自己的符號。

類別	符號	舉例
任務	·	比如運動 20 分鐘、取包裹、買生活品
活動	○	朋友聚會、聽演講、爬山
筆記	—	突發靈感、開會筆記、演講筆記、讀書心得
優先處理	*	重要事項，必須要緊急處理的
已完成的事項	X	上述事項完成可打 X
轉移事項	>	計畫的事項沒完成，轉移到隔天或其他天
未完成	<	計畫事項沒完成，但比較不迫切，先轉到待辦清單

像我的日誌上比較沒有打「X」，原因是我還想看一下有完成哪些事情，所以我選擇在事情後面打上「OK」，我過去習慣也是如此。其中也有些轉移事項，每當自己看到「>」的符號越來越多，就會自覺不能再懶惰了！

5. 快速記錄

　　這部分我會往後翻到空白頁撰寫，有分成讀書記錄、演講記錄等文章，像圖片中，我把書名寫在第一排，並且邊看書邊把有感字句寫下來，在寫書推薦文時，就直接抓這些句子，不用再往回翻書了，效率倍增。

6. 群組

　　作者在這個群組概念，給使用者自己很大的發揮空間，就我自己使用起來，認為是每個人的日常生活有所不同，所以需要自己去創建想要的清單與目標。如果不是使用者很容易認為，這些東西是否一開始就要設定好，但實際運用之後，我發現子彈筆記奧妙之處就在於「**你的人生過得怎麼樣，筆記就長什麼樣**」。

　　像我是一個很愛想到什麼就做什麼的人，所以我寫日誌寫到一半，覺得每天分開寫要看哪本書有點分散，所以在其中某一頁我就設計了書本清單，還畫成書櫃的樣子，而其中畫螢光筆的長度就是我閱讀的進度。因為這部分才剛開始設定，所以有些是空白的，但個人覺得這種呈現方式滿有趣的。

最後，每一頁都要有頁碼，新增一個事項就要回去填寫到「索引」，這樣未來檢視筆記才會比較有效率。

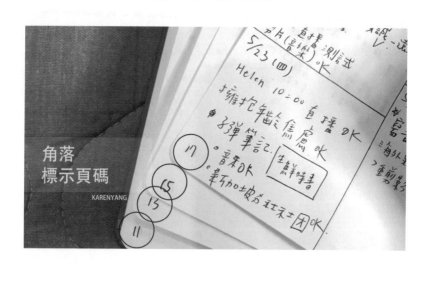

子彈筆記真的能讓人生回到正軌嗎？

人的每一天有五萬則想法，每一個想法之間的空檔，就是思考的時間，但我們常常被數位裝置填滿，覺得無聊了就滑開手機，因而分心，失去了難得可以靜心思考的機會，因此我很認同子彈筆記可以讓人生逐步擺脫「脫序」狀況。

雖然我自詡本身已經滿會自我管理，但在很多「只需要自己努力就能達成的事情上」，我卻常常拖延，或者認為對方有給我拖延空間，我就會肆無忌憚的慢下去。

子彈筆記是一個長期實驗，你有沒有撇開那些華而不實，每日、每月定期檢視自己的完成事項、待辦清單，真實的去明白自己需要改變的地方，並且刻意改變，才是真正扭轉人生的方式。子彈筆記只是一個輔助工具，從旁協助加速，如何看待、使用這項工具的你，才是關鍵。

（本篇文章收錄在生鮮時書專欄：https://newsveg.tw/blog/13184）

想要掌握時間，
你必須讓生活就是興趣

　　利用生活管理跟子彈筆記之後，從我個人心理層面跟大家分享，如何把所有你正在做的事情都當成是興趣，只要改變心態，就可以感受自己做這件事情的熱情程度也有所不同。

　　從前面的文章你可以理解到，當電視記者的生活是非常忙碌的，忙著每天報稿、約訪、想題目、找獨家，連休假也要隨時ON CALL，就怕漏了大事，和我同組的資深記者，可能要穿插臨時播報、直播連線，因此他們更是相對沒有空閒時間。

　　加上媒體上班時間長，薪資不成比例，對我來說有時真的滿疲倦的。下班之後，我沒有太多一般人「追劇」、「打GAME」或是忙聚餐的生活，每次回到家總是先滑滑手機，吃飯耍廢一下，接著就會打開電腦，過好我的生活。

　　大多時候我會把精力運用在經營粉絲專頁上，或是書寫文章更新部落格，有時候把該看的書籍做資料補充，有時也會有不同

類型的廠商聯繫，需要幫忙寫商品文章，或試用賺點外快，尤其經營粉絲團到現在有兩年多，邀約也變得更加多樣，對我來說，這是一種肯定，更知道自己有能力「創造自我價值」。

前幾年我到花蓮演講，有個學員問我：「你都不會覺得很累嗎？」我想了一想，回答他：「**只要你把這些事情都當成休閒娛樂，就不會覺得累。**」對我來說，經營粉絲專頁還有部落格，是我另類的抒發管道。

雖然我是一名電視記者，但是從小受到網路的薰陶，已經是網路重度使用者，再加上我本身的個性，比起電視口語表達，更適合以文字傳達自己的心情，另外的好處是，文字記錄我的生活點滴、當下心情，更大的好處是，我可以把一些討厭的人、事、物匿名換個情節，大方地分享。（笑）

每一個人的抒發管道不同，端看自己以什麼樣子的態度去面對，就好比我們去處理人生每一件事情一樣，有的人不喜歡下班時間還要逼迫自己去做一些「貌似工作」的事情，但對我來說，我看到的是好處面，即便要花時間、花腦力，但每分每秒，我都感受到自己在成長，這是一種抒發與解放。

我把自己定義成工作狂，是因為只要規劃好或被規劃好的事

情，我不會遲交，也會讓自己跟上進度，甚至能多做就多做。在我的多職人生裡，我學會的是了解自己的個性與能力，去安排自己的腳步與進度，而非強求希望每一件事情能夠做得多好多棒，但既然決定了，就要持續下去。

因此當學員問我累或不累，其實我從來沒想過，因為當電視記者是我的夢想，並且已經達成目標且精進當中。下班經營粉絲專頁，擁有第二身分，是我的閒暇與興趣，甚至可以為自己增添開源的機會，只要找到自己喜歡的一件事情，並且努力做下去，也能夠達到「把工作當成抒發管道」的境界。

甚至，現在我認為，演講、寫作都是我的生活之一，只不過它們剛好可以賺錢。因此我現在的行程是，上班工作寫文章、下班寫文章拍影片，休假則是到外縣市演講，甚至規劃大學任教的課程。這些在別人眼裡聽起來都很累，下班也就完全沒有力氣去管其他事情，但對我而言，卻是踏實又滿足。

歐美也已經出現了「影響者」（Influencer）的概念，在臺灣比較常被稱為「KOL」（Key Opinion Leader），但我認為像這類型的人，在初期並不一定帶有席捲大眾眼球的魅力與影響，然後一點點的新思維、角度與人物，帶有著不同的觀點去看這個世界

的面貌，配合著認知自我、分享知識，才會逐漸從創造者走向影響者。不論你是大或小，你都能擁有「創造」的能力，只要你願意勇敢踏出去。

第四章

90 後職場工作術：
第一份工作的重要體悟

\# 第一份工作：不只要選好公司，也要選好主管

\# 就事論事，別被情緒帶著走

\# 別嘴硬了，做人真的比做事重要

\# 你不是萬能，別什麼都攬下來

\# 培養成熟工作態度：學會表達自我立場

\# 適合、喜歡、適應、想要要——找工作四象限

終章：不要停在原地踏步而不自知，也不要失去為自己抉擇的勇氣

這一章節收錄的是我剛出社會所產出的「菜鳥職場觀察」文章，相信對社會新鮮人仍有幫助，更能從前面章節與此章節對照出我的心境轉變，可以說一個翻轉人生的歷程。若你尚未出社會，希望這個章節可以幫助你思考，第一份工作對你而言是什麼樣的角色。

以我自己而言，在還沒出社會之前，碰到學弟妹問我這個問題，我會說：「第一份工作沒有這麼重要，就是嘗試看看，做興趣也沒有關係。」

但經歷過許多不同職場環境以後，我會說：「**第一份工作真的很重要！**」

為什麼重要？

靜心回想你的第一份工作，你認為重要的因素是什麼？

如果你未出社會，未換過工作，你當時對第一份工作的「想像」又是什麼？

就我自己而言，回首來看，我認為第一份工作會改變自我價值觀，建立對「職場」環境的思想，待人處事方式及工作行為、慣性，像這樣潛移默化的氛圍，薪水絕對不是關鍵。反而是公司內部的人事物、溝通模式、整體氣氛、組織規模，才是環環相扣

的因素。這些因素重要的程度，會讓自己對於一件事的看法、對於某些人的信任有所影響，甚至留下印記。

對我來說，第一份工作讓我「**認清事實**」。

1. 職場不是學校

這個概念看來清楚明瞭，但到底差異在哪裡？首先是身分轉變，當你還是學生的時候，與同學之間沒有利益關係，一旦進到職場，大家開始有了利益關係，這樣的利益關係，有可能是上對下、資深對資淺，抑或是不同部門，有完全相對的立場。

職場不比學校，處處有人教導。剛進公司會有試用期，這段時間，遇上好的前輩會教導你、帶著你慢慢進步，這時候你該心懷感激。**因為沒有一個人有義務帶新人**，如果有前輩會主動注意自己的狀況，那是好事情。但大多時候，前輩並沒有時間，也不清楚你的問題所在，如果天真以為因為自己是新人，人家就會來傳授你，這樣的心態是不對的。

2. 別把同事當朋友

你可能以為職場上意見相合的人能夠當作朋友，但是事實上

並不然。

承上點，公司同事之間是有「利益關係」的，雖然未必大家都會看重這樣的利益，但只要出現一個這樣的同事，可能就會害你不淺。

我遇過有同事是很在意薪水、績效、獎金等自我表現的人，他會眼紅別人努力後的回報，有沒有與他相等，也許他不會說出口，但是他會「假裝善意」。

舉例來說，他們可能會用關心的方式接近自己，在錯誤中協助你、指導你，等到你打開心房後，跟你「交換薪資條」，假裝很大方，願意分享，並且說「我是把你當朋友」、「這件事我只告訴你一個人」，等到你把祕密交付給他，下一秒就轉身「私下公開」，讓你嘗到什麼叫做背叛。

當你沒有摸清楚一個人的底細，千千萬萬不要告訴同事自己的內心話，因為你不會知道，他到底跟哪些同事「真友好」，或者對每一個新來的同事都用相同的關心「茶毒套話」。

我的另一個體悟是，公司氛圍影響對職場認知。

1. 同事溝通模式建立工作習性

我在這邊指的溝通模式，分成表面與心靈層面。

表面上的像是「面對面溝通」、「書信溝通」、「即時訊息溝通」、「電話溝通」，心靈層面像是同事之間是否能「説真心話」、「多元開放」、「部門互動自由」，這幾點都是會影響自己在工作上的行為、習性。

舉例來説，一開始進公司時，你可能會搞不清楚大家一貫的溝通方式，假設今天自己進到的公司都是「訊息溝通」，你卻很愛站起來走到對方面前「面對面溝通」，就很容易給大家「奇怪」的既定印象。

也許你覺得沒有什麼不對，但「**環境就像大染缸**」，讓你無所適從，也許為了讓自己在工作環境更加順遂，你會漸漸改變、不得不變。因此第一份工作用什麼方式溝通，就變得很重要，因為一旦你習慣某種方式，等到你轉換到其他公司，也許已經定型、無法改變。

尤其第一份工作，如果大家都是用訊息溝通，到了下一份，你可能會習慣在工作時沉默寡言，愛用訊息回覆，但新同事可能都是面對面溝通，這樣就不好了，因此轉換一次工作，調整一次

心態、習性，是很重要的。

2. 同事溝通氛圍影響個性

這樣形容可能會有點誇張，但承上面一點，同事溝通模式分成「是否能説真心話」、「多元開放」、「部門互動自由」這幾點。今天你待的職場環境，如果同事之間「對事不對人」能直接説出真心的建議，嚴厲但不口出惡言，讓彼此可以更加進步，這是好事。

反之，若總是「委婉以告」，認為説錯話會傷害對方，甚至「對人不對事」，講 A 扯 B，漸漸可能會讓整體環境出現互相批評、猜忌的惡性循環，更難免在過程中受傷，心裡留下疙瘩。

另外，也要觀察整體公司氣氛是否多元開放，能不能接受新人給予建議，不認為這是踰矩；或者説能夠以「討論」方式，來處理公務；部門之間平等，不認為誰大誰小，非常自由，互動沒有太多潛規則，這樣都是偏向健康的職場環境。

在這樣的公司工作，就會讓自己漸漸培養出健康心態，在工作上得以追求卓越，而非陷入人與人之間的爭權奪利，久了讓自己心理也生病、扛下壓力。

第一份工作：
不只要選好公司，也要選好主管

　　好主管的界定可以分成三個面向，第一是主管肯不肯給下屬機會、願不願意當後盾；第二是主管思想傳統還是保守，有個好主管會讓你上天堂，跟不好的主管單位比起來，完全會像是不同公司。

一、主管肯不肯給機會

　　進到公司體系，不少在意的是有沒有升遷機制、有沒有表現機會，這時候直屬主管的心態就很重要。有的主管擔心你搶走他的功勞，緊緊抓住任何可以出頭的機會，就是不讓下屬表現，防守像是防外人一樣。如果在這種主管底下做事，你大概就是只能做勞力，付出到最後都會是主管個人的成果，被整碗捧去。

　　如果大長官又是非不明，這樣你的升遷就會阻礙重重。我就聽過有些公司升遷名單永遠都是相同人馬，一路從組員變組長，

再變副主管，但最下面的人永遠都是組員，沒有變動。這樣不僅會惹來同事眼紅，也會讓下屬的心情浮躁，做事只求有不求好。

但當然也有好主管，會隨著你的個性、興趣還有擅長的領域來分配、調整工作內容，願意了解自己，願意因材施教，甚至主動讓你了解整個組織的工作分配，而非讓你像無頭蒼蠅般無所適從，這樣花時間在這間公司、為公司賣命，才值得。

二、願不願意當下屬後盾，讓你爬得更高

好的主管樂見你的成長，願意給你最大的支援，遇到這種主管真的很幸運。曾經有個主管這麼跟我說：「長官就是給你武器，讓你去外面打打殺殺，有什麼需要我們當你後援，受傷了以後再回來。」聽完當下真的很感動。

以我自己來說，我先前的主管是那種你提出需求，在他的能力範圍之內，他絕對會幫忙協商，為你站住立場的人，不論你資歷深淺。每一個人都很羨慕我們的單位，因為就算是工作之外的事情，他也願意當被諮詢的對象，引領方向當作人生導師。她口中永遠只有「你以你自己為主，不要讓別人影響你」，「做你自己，你就會是最好的那一個」，真的非常貼心！

　　但我也遇過莫名其妙的主管，脾氣暴躁，不求真相，只確保自己會不會被牽連，發生事情推託其詞，錯事都是別人做的，自己什麼也不知道。

　　這讓我在 25 歲的時候，深深覺得人生就這樣差不多了，不論轉換什麼職業，我永遠都只能做自己沒有辦法掌握所有事情的工作，處處配合別人、講一句話或做一個決定之前，你要學著看臉色、看場合、看長官、看同事的心情，就算已經夠小心，還是會被揪出一些雞毛蒜皮的小錯誤。

　　等你在外面忙得焦頭爛額，還要接到電話質問你：「知不知道大家都在幫你擦屁股？」本來以為對方需要我提供解決方案，但沒有，這通電話就只是對方想要抒發的心情。沒有保護下屬的心態和能力，自然沒能贏來尊重，遇上這種主管，你不是忍耐，就是離開。

就事論事，別被情緒帶著走

　　我是那種很在意很在意別人想法的人，過去也為此吃了很多的苦頭。好處是會反思自己還有哪裡不足，去加以進步，壞處就是同事一句話就會影響自己的工作表現，情緒被他人言語左右，反而容易成為笑柄，或是茶餘飯後的閒聊話題。

　　相隔兩年後我才發現，「**你越是在意那些言語，他們就越容易傷害你**」，那些會說出傷害自己言語的人，其實就是時間太多，於是花時間跟你爭權奪利，更因為能力不足才需要貶低對方，來換得別人對他的肯定與信賴。當你被這些人的言語左右情緒，讓事情做不好、失去自信，反而正中對方下懷，更讓對方喜孜孜證明他們沒有錯，因而變本加厲。

　　如果對方真的為你好，他會直接告訴你，事情該怎麼改善，給你建議。當然也有表面說一套、背後說一套的人，去分辨這類型的同事，只能全憑經驗，因為**如果你沒有經歷過這樣子的挫折，就不會成長**，「受傷之後痊癒，就是一種成長。」我認為這

樣的荊棘之路是必經的，就算當下再怎麼難熬，也要好好走完。

　　這樣你才會知道，當面對負面情緒時，你該做的就是把事情做好，不要有遺漏，不要讓人抓住漏洞。面對負面言語，不要正面回應，讓自己透過這些言語找出可以改進的地方，讓自己變得更好，而不是影響工作表現，這樣子就會越來越好，更無法讓對方得逞。

別嘴硬了，
做人真的比做事重要

先前死鴨子嘴硬的人就是我，一開始進公司，很想要好好表現，結果反而跌得一身傷。不過這個概念當然不是說我們要處處巴結別人，迎合、諂媚他人，甚至矮化自己；而是學會「換位思考」，多點站在別人的角度想，就能夠多增添一點貼心的印象。

舉兩個自身例子來說，第一個，先前我的工作是社群編輯，必須要搶快、推播新聞到社群媒體上，增加流量，但當然公司是分眾社群，不只我一個人要做這件事情，分流的主社群，他們也必須要守住自己的領域（像是體育、娛樂、旅遊、寵物等等）。

我主要是負責不分領域的大新聞社群，而對方是分眾社群，當我發現他如果比大社群晚推播重要新聞時，就會被上級「詢問」，為何會比我們要盯更多不同類型文章的小編更晚推播，是不是沒有新聞感？

為了避免對方的壓力太大，我小小轉換了一下工作模式，我

在推播某一則新聞之前，會先確認對方推播了沒有，跟他溝通幾點要安排這篇文章上線，並且等他推完我才會跟著按送出，這時間差大概只有十幾二十秒，其實無傷大雅。

做了這件事情的好處，第一、他不會被罵，第二、我們的文章都仍然搶快推播出去，第三、兩個單位合作協調，降低負面的競爭。如果沒有調整，或者你明明就知道對方會因此挨罵卻依然故我，難免會被人說刻意找碴。

多一點點貼心，不影響到自身，能夠幫助他人，其實對彼此都有好處，對方也更容易信任你。

第二個例子同樣也是部門之間的互相配合，我先前的工作主要是在新聞媒體公司內接收新聞訊息，跟現場的記者配合。現場的突發狀況比較多，但消息比較新；在公司的員工會知道比較廣的消息，但不一定最快，這是兩者之間差異。

有一天，我們知道現場有一個突發意外，那是一個非常重要的訊息，不過現場記者還沒有回報，這時我推測，對方應該是還沒接收到這個訊息，因此我並沒有先回報主管，我先將資訊所需要的畫面及文字準備好，接著私訊記者，跟他說相關資訊，並且確認他知道這件事情之後，讓他自己回報，而不是讓長官知道

後，再去追問他「為什麼沒回報」。

　　因為對有些人來說，現場的記者必須什麼都要知道，是主要回報資訊的人，如果他遺漏了資訊，好似千不該萬不該，但我認為，現場的人有很多突發狀況要去應付，沒有時間回答每一個人的問題，他得好好專注掌握資訊才行。

　　因此我能做的就是幫忙補足資訊，讓他可以免於遺漏資訊，當長官得知消息時，我們這邊該準備的畫面資料都已經完成，現場記者也已經得知回報，雙方都沒有少了資訊，一起安全度過這一關，對方也對我們滿滿感謝。

　　要做到顧及場面的方法，並非一時半刻就能夠學起，但快速掌握要點的方法，我認為是，「將同事當成夥伴」、「把彼此當成一個團隊」，我曾在類似卡內基的課程學過一個概念：「團隊贏個人贏」，這個概念是，團隊贏了，自己才算是贏的那一方。

　　一開始我不太能理解，我認為把自己顧好，才能成就團隊不出紕漏，但是**當你只顧及自己的時候，團隊可能正陷入某種危機而你不自知。遙遙領先，棄他人於不顧，是不成熟也不明智的。**

　　做事前先做人，換位思考，確保團隊沒問題，自己也能獲得貼心、可靠的稱號。

你不是萬能，
別什麼事都攬下來

覺得自己忙了好累、好久，但是卻沒有人要幫忙？

還有，怎麼事情這麼多？而且自己做了這麼多，還要被人家檢討、說話？

說一句實際點的話，「你不是萬能，別什麼事都攬下來」，適度拒絕很重要，但是釐清公司是「組織分工」更重要。

這是菜鳥常常沒有意識到的問題與觀念。

回想一下你的校園生活，如果你有參加系學會、社團或者是大大小小的研習活動，是不是很多事情都要一個人完成？舉凡文案撰寫、活動執行、美工設計、場勘、攝影等等不同類型的工作，都可能會由同一個人或者是兩、三個人一起完成，對吧？

正是因為這樣，讓不少新鮮人剛踏入社會之後，會有種「什麼都是我要來做」的迷思，尤其是在校園的風雲人物，更可能會認為，「只有我才能把這些事情做好」的錯覺。

別太天真了！

請釐清，公司組織體系是一個「團隊」，為了要讓對外呈現有效率、專業，因此必須「各司其職」。

以網站經營來說，今天你的職位是美工設計，你就單純負責網站美觀相關的工作，諸如 LOGO、CI 設計、顏色配色、字體大小等。

如果你是文案，就撰寫文章，讓主軸、用字吸引人，引導閱讀者進入情境，甚至願意繼續延伸閱讀下篇文章。至於版面如何呈現，那是美工的事情，就算你也會美工軟體，就算你的能力比某些人強，那都不是你的分內工作。

請了解，不同單位要做的是「溝通」，而非干涉，雙方得為了同個目標去協調，更可以說是一種妥協。

如果你沒有做到這一點，很容易在部門之間的溝通協調上出問題，不好聽的耳語也可能流出，像是「你會不會管太多」、「這個新人很自以為是」、「到底會不會做事」、「他在幹嘛」……等等，這樣反而讓自己越來越辛苦，當然這條路上也有

理解你的人，端看你在意的是什麼。

當任何組織壯大了以後，都會有難以介入的潛在文化，早先進去的前輩們有固定的默契，如果新鮮人想要逞強，把所有事情都接下來，所有事情都搶著發表自己的意見，難免會落得不合群的形象，或者是讓人有行為逾矩的想法。

我知道，你不是故意的，你只是想要把事情做好，盡情表達自己，大多數人都曾經如此天真。

但公司組職或團體生活，終究不是自己一個人去面對、打拚世界，**你有夥伴，你有可以依靠的人互相幫忙、分工合作，放下過去那個你覺得「什麼都要自己來」的單打獨鬥想法**，相信同事、相信組織，努力溝通、盡力表達，讓事情完美，這次做不好，下次改進就好。

你不是萬能，但有了夥伴，就能。

培養成熟工作態度：
學會表達自我立場

　　以前我有一陣子很討厭工作這件事情，甚至天天跟朋友哀號：「人到底為什麼要上班！」這種很爛草莓的言語，而且我是真心的，不是開開玩笑、發發牢騷而已。過了這麼一段日子，如今回首起來，好像真的差很多，連身邊親近的人都跟我說：「你的個性比較不急躁了！」

　　假使是我以前的主管，看到我這篇文章，肯定會覺得我怎麼有資格說這件事，會這樣形容，真的是因為最不懂「學會表達自我立場」道理的，恐怕就是我。

　　前面曾提到，我是一個很在意別人想法的人，不僅如此，我也「害怕被反駁」、「害怕被批評」，老是擔心自己哪裡不對，常常覺得別人的負面言語就是批評。

　　甚至最不好的就是遇到事情不敢說出自己的想法，別人說什麼只會認同，不願意開口表達自己意見，像個悶葫蘆似的，我就

是這樣的人，主管都還要問我好多次，我才願意說一些些想法。

「你要說什麼快點說，又不是大學生了！」這是我曾聽過一位主管告訴新人的話，幾近失去耐心了，但對方還是吞吞吐吐。

然而換個角度，站在主管立場來說，他在意的是「事情有沒有漏洞」、「有什麼錯誤要彌補」、「進度如何跟上」，腦海裡想的是整件事情如何完成，而不是「你的心意」。

常常我們會犯一個錯誤，認為別人覺得自己的想法很愚蠢，或是別人在意自己的感覺。但作為一個主管，從過去到現在，他肯定遇過很多不同類型的同事、員工，甚至是各種突發狀況的經驗，他詢問你的意見，主要是想了解事情如何進行，還有你的專長、能力是什麼、人力如何配置等等。

當然，就算是一點點也好，你的意見跟說法都是能讓事情往下走的要素之一，如果明明知道可以讓事情變好，你卻沒有及時說出來，有可能會發生「你怎麼都不說」的狀況，反而讓自己陷入「不知道該怎麼辦」的窘境。

後來我才明白：

學會表達自我立場，是一種成熟的工作態度。

但這不代表我們必須要出風頭、搶走其他人功勞，**而是對於一件事情，保有自己的判斷、看法，**並且**完整地表達**，去爭取自己應得的、自己想要的，就算對方站在對立面給予反駁，只要不是刻意刁難，其實都是一種「溝通」與「討論」。雙方只是去說服彼此立場，或是來明白整個事情的全貌，如果你是願意表達的人，對方就知道你是可以溝通的人，自然就會在工作這條路上，交到志同道合的好朋友。

做為新人，發現問題就多提問，而不是什麼話都不說，遇到困難也不說，或是一味認為講出來之後會被人家討厭。

有些事情如果沒有及時去爭取，久了你的自我形象就會定型，別人更不願意去理解你的心意、你的底線、你的所需或是你的想要，幫你安排職務，分配工作，可能都要擔心你不滿意，擔心你其實心裡有意見，但不願意說出來。

結果等到真的被誤解了以後，你才開始怨天尤人，問對方怎麼都不能理解你，反而被貼上難相處、懦弱、不適合的標籤，這樣對職場的同事、長官都不好。

不過我知道，有的時候你只是不夠勇敢，想要配合大家，想要跟著大家走，就是最安全。

　　但職場上，你是重要的螺絲，更該成為有特色的個人，去讓組織變得更好，而不是當一個不會說話的花瓶，看著別人爭取他們想要的，自己卻只能默默羨慕。

　　但千萬不要矯枉過正，不管事情對不對都大力批評，只想著自己的利益，這樣不是「爭取」，而是「自以為是」，還以為大家都很信服自己，但換句話說，別人尊重你，不是你優秀，而是「別人優秀」！

》職場必學：快速成長的心態調適與自學

　　當我轉換到第三份工作時，心智年齡也成熟了一些，不再像第一份工作，總覺得沒有實踐自己的夢想，感到壓抑且綁手綁腳，反而是為了想要快速進步，因此每天都在衝擊與自我懷疑。因為電視臺很重視「聲音」，但是自己的聲音跟語調總是不符合長官期待與要求，那時的我每天下班便打開公司的 YouTube 頻道，輪播所有新聞，除了讓自己知道公司作品的價值觀之外，也去用「回音法」的方式，學習記者前輩們如何讓自己在製作新聞時可以更有氣勢。如此大約花了整整一年時間，每天下班看三到四小時的影片，才真的感受到自己的進步。

媒體業不像一般辦公室工作有 SOP，媒體業的學習也和其他行業比較不同，但關於工作中自學，我列出幾個步驟：

1. 有意識的盤點自己有何不足，這是我覺得在職場當中比較難發覺的。
2. 每日、每週撥出時間練習。
3. 記錄每天的練習狀況。
4. 回顧自己的一天至今的狀態。
5. 表揚自己的進步。

這些步驟全是因為要讓自己「有意識的改變、改變得有意識。」

對於有意識的改變，其實就是《刻意練習》中所說的，改變自己的作法，有意識的練習自己想做到的事情。

我更想講的是，改變得有意識，就像前面說的，當你總結一段日子後，你會驚覺自己的變化，回首起來，才不覺浪費時間，而不是默默地改變，卻沒幫自己記錄下來，久了便覺得擁有傻勁，卻食之無味。

適合、喜歡、適應、想要
——找工作四象限

　　找工作有時候像是拼拼圖一般，不論是剛出社會的你或者是想要轉職的你，請先在心裡試想三個問題：

　　一、未來想要成為什麼樣的人？

　　二、這份工作能讓我學到什麼？

　　三、我對這份工作的規劃？

　　如果你不知道自己要去哪裡，那麼你現在在哪裡，一點都不重要。

　　就是這麼俗套的道理，我才會列出要試想的問題，這句話坦白來說，就是得先清楚自己的目標，再來朝著目標規劃、前進、調整方向，因此我們必須先思考「**我們要成為什麼樣的人**」，有了一個輪廓之後，我們再慢慢把能實際達成的事情（對工作規劃

與學習）一一填補進去，讓自己離目標越靠越近。

　　清楚自己的目標之後，接下來我們要審視的，就是自己的心意了，也就是上述四個關鍵，「適應」、「適合」、「喜歡」與「想要」沒有制式的思考順序，比較像是能力配置圖，指數平均會比偏向某一方來得好，我們再把四個元素拆解一下。

　　在心裡給自己一個輪廓、評分，檢視工作與你自我的吻合性。

‧「適應」：公司環境、文化自己是否能夠習慣？

　　舉例來說，我個人是偏向彈性上下班、排班的工作，因此當我有一度從排班制公司轉到正常上下班的公司時，實在相當不習慣，連續五天上班，讓我真的很喘不過氣，甚至六、日休假出門都要人擠人，讓我覺得很不開心。

　　除此之外，公司文化是大家幾乎天天加班到凌晨，為了差不多的事情偏執的修改，但我追求的是事情能夠盡快結束，確定了之後就朝目標而去，修改也不要拖到一星期、一個月，因此這樣的文化，讓我處處不能適應。

　　對很多人來說，週一到週五上班是再正常不過的事情，所以你可以套用自己能不能適應的事情來思考一下。比如說，有的企業規定員工之間必須互稱對方「學長」、「學姊」表示尊重，如果你對這樣的文化會覺得彆扭，甚至不願意去執行，你就會出現不適應的狀況。

‧「適合」：個性、做事方法及能力適合嗎？

　　這個問題我們從上述三個方向來設想，如果一個職業是必須與人多加接觸、溝通甚至搏感情（比如業務），但你的個性比較

不擅於與人搭話、話比較少，開玩笑別人還聽不懂，覺得你很難聊（自知的人適用），你可能就真的不適合這份工作。

但這並不是說我們就不找工作了，而且應該要挑選那種可以在辦公室處理行政文書、報告，只要與同組同事、長官溝通的工作，對自己而言是比較適合，在心理上也比較不會覺得很困難。相反的，如果你天生就愛與人接觸，卻到了一個封閉環境，也會有這樣的不適感。

但如果你想嘗試改變，讓自己可以融入不同的環境，因而挑選了跟自己個性有反差的工作，那麼我的建議是「你要刻意改變」，因為是你選擇這樣的公司環境，團體生活是個人創造出來的氛圍，大家都是如此，就應該多多融入團隊。

比如說，過去我待過一間公司，每當中午吃飯的時候，大家會快速丟下手邊的工作，然後聚集在公共區一起吃飯，就算個人吃完飯之後，還是會待著跟大家繼續寒暄問暖。

但如果你只想自己一個人吃飯，這件事情你會過不去，當然還是可以自己吃飯，只是在工作之間，單位難免要合作，少了機會與他人交流，豈不是有些可惜？

・「喜歡」、「想要」：工作內容是你的興趣嗎？喜歡這間企業嗎？有你想獲得的成就感嗎？

　　喜歡和想要這兩件事情我一起談，因為這都是很主觀的想法，不論其他人對於同企業的評價如何，最重要的是你到底喜不喜歡、有沒有興趣，工作中有沒有獲得你想要的事物。總歸老生常談一句：

"Passion is Everything."
熱情就是一切。

　　熱情的來源有很多，最終無非就是一份「成就感」，當你把興趣擺第一，工作再累再辛苦，你都會願意，因為這份工作不僅讓你天天能接觸「自我興趣」，還能讓你領薪水。

　　而當你追求的是「高薪水」，領薪水那天，你對於所有辛苦都會覺得值得，即便熬夜加班、犧牲個人時間都覺得很有成就感。有些人追求的是「作品有沒有被看見」，即便薪水低、升遷少，但是作品曝光高、瀏覽率高，就覺得一切足夠。

　　喜歡跟想要，取決於我們想透過工作獲得什麼，「薪水」、

「升遷」、「能力發揮」、「人脈」、「福利」……，這些都是可以去思考的元素，不過也要記得，人生不是只有工作，有的人透過穩定上下班的工作，獲得維持家計，不追求工作成就，也是一種成就。

這四個關鍵元素，最好的樣貌是一個平均擴散的圖，而非誰輕誰重，因為「人生有捨才有得」，不論遇到何種狀況，即便是關於人生的決定，都要先靜下心來，釐清自己「想要的」、「喜歡的」還有「適合的」是什麼，決定之後，只要堅持就會找到自己的出路。

» 你真的喜歡你現在做事情嗎？

「對一份工作的失望與無力感，人生可能因此停滯。」在我第一份工作的時候，那時候自己常常看著身邊的人，都有自己努力的目標，看起來很開心，也很確定自己要什麼，但反觀自己，卻好似天天都很不開心，不論做什麼事情，都有一種被嫌棄的感覺，充滿了滿滿的厭世感。

曾有位網友私訊我，提到類似的問題，他說：「已經不知道到底為了什麼工作，也不知道自己的興趣在哪，問了親人，他說

等我大一點就會知道，工作就只是為了錢而已，什麼成就感那些都是假的，有錢進來最重要，還有很多朋友也對自己的工作沒有興趣，都說只是要賺錢而已……」

這些人大部分都不知道，工作的意義不只是在於賺錢，當然每個人的價值觀不同，但如果你還想闖一闖，就該放下外部因素，真的去闖。像我就不喜歡只是為了賺錢，而辜負了自己的理想，我很多工作的薪水幾乎是比我第一份工作還要低很多，但現在過得比較開心，也成長比較多，當然繞了一圈，才會知道自己喜歡的、追求的是什麼。

工作對人生的重要性，在於你得天天跟它相處八個小時以上，如果一天有幾乎三分之一的時間都在自己不喜歡的工作上，豈不是一種折磨？個性跟價值觀也會被大大影響，甚至整個人變得更消極、封閉。更別說扣除睡覺、吃飯，一天能做自己事情的時間真的不多，何不找一份自己真正熱愛的工作？工作就是從很多喜歡跟不喜歡之間找到自己熱愛的、能夠堅持下去的。

從職場當中，我們能透過人與人之間的磨合來學習成長，透過不同的溝通方式、應變來成長，有很多東西是無形的，也許從中你會發現，自己對自己的要求也提高了，這也是一種成長。

從大學時期開始，我就很羨慕身邊的某些朋友或者周遭的人，能夠過著不用煩惱錢的生活，這樣的想法雖然很庸俗，但是那種沒有負擔的生活，讓他們有選擇的自由，可以去做自己想做的事情，往往能夠做到的事情也比自己還要多。

　　2011 年，我在自己的社群貼文寫下「不甘於平凡」，有一次想著想著竟然就在課堂上不小心落淚，被我的好夥伴看到，才趕快低頭擦掉眼淚，假裝沒事，好夥伴那天反倒安慰我說：「平凡才是福。」

　　當時一直摸不透這種羨慕感，只覺得自卑，好像再怎麼努力也沒有辦法像他們一樣，直到長大之後，自己以客觀第三者角度來看，本身的經歷跟能力，其實已經達到能讓人定位自己價值的地步，但卻還是覺得有很多不足的地方。

　　往往我們都會用他人成就來責備自己不夠優秀，也會嫉妒別人，怎麼可以過這麼好的生活，比如一到兩個月就出國一次，還不是鄰近的日本與韓國，而是歐美國家，有時候還覺得自己好幼稚，為什麼要嫉妒別人。

　　但後來我領悟了一個道理，釐清嫉妒的起源，才能消弭不平衡感。因為很多事情的「成就」，並非自己得不到，而是取決在

自己要不要執行、要不要努力、要不要堅持、要不要賭一把、要不要關上自己的後門，別只看著別人，而是去審視自己有什麼資源，再進一步思考，如何分配、如何壯大、如何達成成就、把心放在目標上，去成為讓別人嫉妒的人。

換言之，就是要保留這份嫉妒心，尼采曾提出類似的看法，他說每一份嫉妒心，都驅使你了解，不要輕易滿足於現狀，因為你會不斷成長，每個現在你所嫉妒羨慕的對象，都可能會是你未來的模樣。

因此如果你對自己現職工作感到失望，不曉得該堅持還是該繼續，聽我一句勸，對工作沒動力、找不到歸屬感、認同感，都會讓你的人生暫時停滯。的確人生不是只有工作，但人生充斥著工作，跟著牽連生活品質，你想要什麼樣的人生？什麼樣的生活？你自己決定！

終章：不要停在原地踏步而不自知，
也不要失去為自己抉擇的勇氣

　　謝謝你，努力把書看到最後這一章節，老實説我不是什麼聰明的人，看了我的人生歷程，我相信大多數的人對自己的人生都比我還要有想法，甚至過得比我精彩，且更有主導權。

　　感謝出現在我生命中的任何事件，都足以撼動我對人生的反思與作為，我本來就是一個容易想太多的人，好處是觀察力敏鋭，再小的事情都會成為我人生的故事，壞處就是我常常困在自己的情緒裡面。但面對情緒，我認為我已經從迷惘渾沌的時期，走到了理解會影響自身情緒的原因以及如何排解，且不會影響正軌人生，我想這也是對自己有自信的一種表現吧。

　　我本以為這是件人人都會學習到的事情，然而每次實體演講的 Q & A 中，我會不斷聽到類似的問題，這些癥結核心都是「該怎麼改變自己」、「該如何找到自己」，我知道大家都會有很迷惘的時候，有的人可以放下，有的人會放在心上，那是以年為單

位來計算，雖然聽起來很恐怖、很漫長，但當你在思考這些問題的時候，都遠遠比不知道自己處在停滯期的人走得還要前面。

我身邊有很多的朋友，碰上人生迷惘時，都會找我討論，無論是工作、感情、人際關係，大約從我 20 歲初頭時，就很常有人跟我分享「自己的故事、煩惱」，我當然也會毫不吝嗇給予自己的建議，甚至會熱心幫忙介紹工作。

然而幾年過去了，我發現有些人，他們的問題從大學畢業到快邁入 30 歲了，依然沒有改變，老是圍繞著抱怨主管情緒化、職場不順遂、沒有遇到好機會，或者自怨自艾的覺得自己運氣不好、能力不足，說實話，這些抱怨如果發生在大學剛畢業也就算了，但畢業五年、十年以後，如果還是抱怨同樣的問題，我心裡都會想：「為什麼他們不問問自己，為什麼還沒有升上主管？」

我的意思並非每個人都得追求當上管理職，而是如果你只會重複抱怨相同的事情，沒有調整自己的心態，改變做事方式與態度，規劃自己的人生目標，你還有什麼好抱怨的？不正是因為你一直停在原地，當別人跑在前面喘氣的時候，你在後面冷言冷語「幹嘛這麼認真」，或者是別人下班去進修時，你卻暗酸他「上班都不會累嗎」，這就是你跟這些人的差別，不要停在原地還不

自知，也許有時候就是上班很累，沒有閒暇時間再管其他事情了，但是當你沒有去努力時，就沒有資格怪別人。

　　我也有很多朋友，說想要轉職說了很多年，但是從來就沒有動作，或者當要抉擇時，就又無法踏出自己心理的障礙，認為自己找不到下一份好的工作，這種情況其實就是進入了舒適圈。舒適圈不代表不好，而是當你過得太舒服時，你會漸漸失去挑戰新事物的決心。當你過得太舒服的時候，你會忘了熬過挫折與苦難的收穫，遠比停滯不前的現在還要來得多，有時甚至是驚奇。

　　當你跑累了，被現實追趕到筋疲力盡了，請你記得：

　　別人永遠不會明白，此時此刻的你，是經歷過多少磨難才來到現在，如果沒有曾經改變，沒有曾經停滯，又怎麼熬出更好的你。別人永遠不會明白，此時此刻的狀態，是為了讓你強化自我，去迎接更多的挑戰。

　　當然你也會希望，這不只是你的一廂情願，然而如果你從未停下，你就得跑得更遠，用你的耐力去與世界拚搏。

　　也許，漂流是人生必須。漂流之間、飄渺之間你得有所獲，知道自己的改變，不是向現實屈服，而是為了對得起自己。

　　請記住，人生從來就不是單選題。

此書 特別感謝

放縱我任性、陪在我身邊的家人
從我還是厭世少女就鼓勵我至今的 Wake
以及想持續進步、不停改變自己的你／妳

人生不是單選題

夢想能被踐踏，才足以撐起強大！
少女凱倫教你如何跑得讓世界來不及為你貼標籤

作　　　者／少女凱倫
美 術 編 輯／孤獨船長工作室
責 任 編 輯／許典春
封 面 設 計／陳姿妤
企畫選書人／賈俊國

總　編　輯／賈俊國
副 總 編 輯／蘇士尹
編　　　輯／高懿萩
行 銷 企 畫／張莉滎・蕭羽猜

發　行　人／何飛鵬
法 律 顧 問／元禾法律事務所王子文律師
出　　　版／布克文化出版事業部
　　　　　　臺北市中山區民生東路二段 141 號 8 樓
　　　　　　電話：(02)2500-7008 傳真：(02)2502-7676
　　　　　　Email：sbooker.service@cite.com.tw
發　　　行／英屬蓋曼群島商家庭傳媒股份有限公司城邦分公司
　　　　　　臺北市中山區民生東路二段 141 號 2 樓
　　　　　　書虫客服服務專線：(02)2500-7718；2500-7719
　　　　　　24 小時傳真專線：(02)2500-1990；2500-1991
　　　　　　劃撥帳號：19863813；戶名：書虫股份有限公司
　　　　　　讀者服務信箱：service@readingclub.com.tw
香港發行所／城邦（香港）出版集團有限公司
　　　　　　香港灣仔駱克道 193 號東超商業中心 1 樓
　　　　　　電話：+852-2508-6231 傳真：+852-2578-9337
　　　　　　Email：hkcite@biznetvigator.com
馬新發行所／城邦（馬新）出版集團 Cité (M) Sdn. Bhd.
　　　　　　41, Jalan Radin Anum, Bandar Baru Sri Petaling,
　　　　　　57000 Kuala Lumpur, Malaysia
　　　　　　電話：+603-9057-8822 傳真：+603-9057-6622
　　　　　　Email：cite@cite.com.my

印　　　刷／卡樂彩色製版印刷有限公司
初　　　版／2020 年 9 月
定　　　價／300 元
ＩＳＢＮ／978-986-5405-89-2
© 本著作之全球中文版（繁體版）為布克文化版權所有・翻印必究